中华传统文化普及丛书

# 中国天文浅话

三喜题

北京尚达德国际文化发展中心　组编

中国人民大学出版社
·北京·

# 中华传统文化普及丛书

顾　问：滕　纯　郑增仪

总策划：韦美秋

**专家委员会**（以姓氏笔画为序）：

　　　　王天明　王玉民　王　鹏　汉　风

　　　　叶　涛　刘元刚　孙燕南　李晓丹

　　　　李墨卿　宋晔皓　吴望如　肖三喜

　　　　杨　秀　张　健　张　践　段　梅

　　　　贺　阳　赵世民　祖秋阳　郭书春

　　　　唐　玲　程　风　程雅君　彭　柯

　　　　普颖华　磨东园

**编委会**（以姓氏笔画为序）：

　　　　韦开原　韦美秋　史　芳　刘涵沁

　　　　孙成义　李妙熙　杨盛美　张　习

　　　　赵世民　钱　莉　覃婷婷

# 总　序

感谢"中华传统文化普及丛书"的出版！它以历史巨人的眼光俯视古今，这对于复兴中华、古为今用是功不可没的。

本套丛书包蕴广博、涉猎天下。

首先，历史是一面宝鉴，它以独特的真实照耀古今，从而清醒地记录了人类的文明。

中华文明历经数千载，以德风化育子孙，高度认可人类文明的血缘性。以"孝亲敬贤"为核心的民俗，流成永恒的智慧清泉，润泽着后人的心田。

中华文明世代相传，骨肉亲情诞生了仁德的孝亲制度，使中国成为礼仪之邦，友善外交也在历代传承不断。今日中国"一带一路"的外交国策不也充满了我们与邻邦之间互助、友爱的仁德之善吗？

当科技文明的新潮涌来时，人人皆知上有天文，世用医道，农田城建、数据运算，何处不"工匠"？本套丛书溯本追源，力述大国工匠的初心，向今人展示中华科技成就的璀璨，弘扬科技创造，鼓舞万众创新，以实事求是的精神推动社会生产力的发展。

中华民族是龙的传人，早在中华文明的摇篮期就孕育了"美丽中国梦"。在先祖博弈大自然时，就出现了原始文化群体。既有夸父逐日之神，也有女娲补天之圣。古人在希望与奋斗中，唤起人类生存的能量，充满了胜利与光明。这不正是民族自信的理想之光？

"天行健，君子以自强不息"的积极精神引导着"中国模式"

的当代实践，正是"美丽中国梦"的千古传薪！

　　自信与创新是"梦"之真魂。中国汉字、文学、书法、绘画、音乐等，也都在承前启后，以百花盛开之势，铸魂"中国梦"。

　　春秋战国时期，诸子蜂起，百家争鸣，先哲们各以其经典问世，成就了中华信仰文明——儒、道、兵、法等家，后有佛教传入，皆为中华信仰及思想之根。

　　人民是历史的主人，中华文化是中华各族人民共同创造的。纵观历史，不忘初心，继续前进。感谢各位专家奉献各自的智慧，普及中华传统文化的精华，造福读者。感谢编委们历尽辛劳，使群英荟萃，各显其能。

　　本套丛书尊重历史，古为今用；内容丰富，深入浅出。有信仰经典之正，有文韬武略之本，有科技百花之丰，有人文艺术之富，"正本丰富"可谓本套丛书的编写风格。

　　祝愿读者在"中华传统文化普及丛书"中，取用所需，传播社会，在世界文明的海洋中远航，使中华芬芳香满世界。

# 编写说明

中国是四大文明古国之一，我们的祖先创造了辉煌而丰厚的文化，无论是文学艺术还是科学技术，其文明成果至今都令世人惊叹不已。英国著名历史学家汤因比曾经说过："世界的未来在中国，人类的出路在中国文明。"中华民族数千年来积累的灿烂文化，积淀着中华民族最深沉的精神追求，是中华民族生生不息、发展壮大的丰富滋养，亦是我们取之不尽、用之不竭的思想宝库。

让广大青少年在轻松愉悦的阅读中获得传统文化的滋养，以此逐渐培养他们对中华优秀传统文化的自信心、敬畏心，为未来国家的主人公们奠定创新的基石，是我们的夙愿。为了让读者尤其是广大青少年能有机会较为系统地了解璀璨的中华文明，感受中华民族文化内涵的博大精深，我们特邀数十位相关领域的权威专家、学者为指导，编写了这套"中华传统文化普及丛书"。

本套丛书包括《中国思想浅话》《中国汉字浅话》《中国医学浅话》《中国武术浅话》《中国文学浅话》《中国绘画浅话》《中国书法浅话》《中国建筑浅话》《中国音乐浅话》《中国民俗浅话》《中国服饰浅话》《中国茶文化浅话》《中国算学浅话》《中国天文浅话》，共十四部。每一部都深入浅出地展现了中华传统文化的一个方面，总体上每一部又都是一个基本完整的文化体系。当然，中华文化源远流长、广博丰富，本套丛书无法面面俱到，更因篇幅所限，亦不能将所涉及的各文化体系之点与面一一尽述。

本套丛书以全新的视角诠释经典，力图将厚重的中华传统文化宝藏以浅显、轻松、生动的方式呈现出来，既化繁为简，寓教

于乐，也传递了知识，同时还避免了枯燥乏味的说教和令人望而生畏的精深阐释。为增强本套丛书的知识性与趣味性，本套丛书还在正文中穿插了知识链接、延伸阅读等小栏目，尽可能给予读者更丰富的视角和看点。为更直观地展示中华文化的伟大，本套丛书精选了大量精美的图片，包括人物画像、文物照片、山川风光、复原图、故事漫画等，既是文本内容的补充，也是文本内容的延伸，图文并茂，共同凸显中华文化各个方面的历史底蕴、深厚内涵，既充分照顾了现代读者的阅读习惯，又给读者带来了审美享受与精神熏陶。

文化是一个极广泛的概念，一直在发展充实，多元多面、错综复杂。本套丛书力求通过生动活泼的文字、精美丰富的图片、精致而富有内涵的版面设计，以及富有意蕴的水墨风格的装帧等多种要素的结合，将中华传统文化中璀璨辉煌的诸多方面立体地呈现在读者面前。希望让读者在轻松阅读的同时，从新视角、新层面了解、认识中华传统文化，以增强文化自信；同时启迪思考，推动我们中华优秀传统文化的传承、复兴和创新发展。

# 前　言

　　明末清初著名思想家顾炎武有这样一段名言："三代以上，人人皆知天文。'七月流火'，农夫之辞也；'三星在户'，妇人之语也；'月离于毕'，戍卒之作也；'龙尾伏辰'，儿童之谣也。"也就是说，在夏、商、周时期，无论农夫、戍卒还是妇女、儿童，他们都具备一些必要的天文学知识，对于所谓的"火""三星""毕""龙尾"等星星也都有一定的了解。然而时至今日，由于社会的发展，不同学科分工越来越细，很多受过高等教育的知识分子，乃至于某些方面的权威专家，也很有可能对天文知识一无所知。更令人遗憾的是，如今大气污染和光污染严重，原先稍一抬首就能仰望到的满天星斗和灿烂银河常常隐而不见，人们对于天文学最基本的感性认知也几乎不复存在。因此，天文学对于当今大多数中国人来讲几乎已是盲区，更不消说还有一层历史隔膜阻碍的中国古代天文学了。

　　当下现实如此，越加凸显了学习的必要性。天文学是一个人知识结构中不可或缺的组成部分，古人常常用"上知天文，下知地理"来形容某人的博学多闻，足见天文学在中国人心目中的重要地位。中国传统天文学，对于中国古代的哲学、文学、政治、医学、建筑等诸多学科都曾产生极为深刻的影响，如果对天文学一窍不通，很难想象能够毫无阻碍地深入理解其他相关学科内容。例如，《周易·贲卦》中说"观乎天文，以察时变。观乎人文，以化成天下"，将天文现象与人事伦理联系起来；《论语》中孔子曰"为政以德，譬如北辰，居其所而众星共（音拱）之"，用

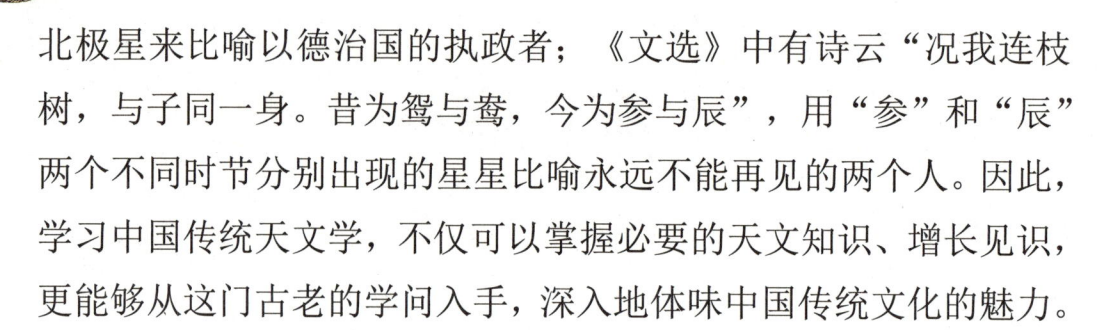

北极星来比喻以德治国的执政者；《文选》中有诗云"况我连枝树，与子同一身。昔为鸳与鸯，今为参与辰"，用"参"和"辰"两个不同时节分别出现的星星比喻永远不能再见的两个人。因此，学习中国传统天文学，不仅可以掌握必要的天文知识、增长见识，更能够从这门古老的学问入手，深入地体味中国传统文化的魅力。

不管你以后是坐于一室之内诵读"迢迢牵牛星，皎皎河汉女"的优美诗句，还是站在高台之上仰望空中划过的美丽流星，抑或是在天坛圆形祈年殿前流连忘返，相信你都会因为对中国古代天文学的了解而获得远比从前更多的思考与领悟。

# 目 录

第一章　中国古代天文综话 /1

第二章　古人眼中的宇宙 /8
　一、盖天说 /8
　二、浑天说 /12
　三、宣夜说 /16

第三章　人情味的星空 /20
　一、中国星官体系 /20
　二、二十八宿 /24
　三、三垣 /33

第四章　中国古代历法 /40
　一、阴阳历 /40
　二、天干与地支 /48

第五章　异常天象 /60
　一、日食 /60
　二、五星会聚 /66
　三、荧惑守心 /72
　四、流星与彗星 /77
　五、客星 /81

第六章　中国古代天文仪器 /86

一、表 /86

二、日晷与漏刻 /89

三、浑仪和浑象 /95

第七章　中国古代天文机构 /103

一、天文台 /103

二、畴人传 /107

结语 /115

参考文献 /116

# 第一章　中国古代天文综话

遂古之初，谁传道之？

上下未形，何由考之？

冥昭瞢（méng）暗，谁能极之？

冯翼惟像，何以识之？

明明暗暗，惟时何为？

阴阳三合，何本何化？

圜则九重，孰营度之？

惟兹何功，孰初作之？

斡（wò）维焉系，天极焉加？

八柱何当，东南何亏？

九天之际，安放安属？

隅隈（wēi）多有，谁知其数？

天何所沓？十二焉分？

日月安属？列星安陈？

伟大的诗人屈原抬头仰望，遥思万里，不禁对天上的景象产生了一系列的疑问：在太古之初，谁创造了天地，世界又从何形成？似穹庐一般笼盖四野的九重天，是谁动手经营？斗柄的轴绳系在何方？天极遥远延伸到何处？八个擎天之柱撑在哪里？大地

灿烂的星空

为何低陷东南？天的中央与八方四面，究竟在哪里依傍相连？边边相交，隅角众多，有谁能统计周全？天在哪里与地交会？十二区域怎样划分？日月天体如何连属？众星陈列究竟何如？

事实上，这些疑问并非屈原独有，那神秘深邃的星空，自古及今，一直都令华夏大地上的先民无限向往。他们凭着天马行空的想象力和横溢的才华创作了无数动人的传说和优美的诗句，无数博闻多识的学者和思辨入微的哲人更是把天文学作为自己毕生孜孜探寻、上下求索的主题，为追寻其中的真理而不懈努力。

那么，什么是"天文"呢？东汉许慎的《说文解字》解释说："天，颠也。至高无上。""文，错画也。"合而言之，中国传统天文学就是研究天上日月星辰的运行轨迹和排布状态的一门学问。它的产生，最直接的原因是满足古人在生产生活中确定时节的需要。

荀子曰："春耕、夏耘、秋收、冬藏，四者不失时，故五谷不绝而百姓有馀食也。"中华文明的发源地——黄河流域地处中纬度地区，四季分明，通常情况下适合播种、收获等农业活动的时令只有短短几天，我们的祖先必须密切地关注时节的变化来安排农业活动，保证不违农时，否则，稍有怠慢便极可能造成一年的绝收，不仅徒劳一场，更会引起饥荒等危机。

最初，古人辨别时节的方法为"物候授时"，即根据经验利用植物的生长和动物的行踪来判断时节。我国南宋大诗人陆游《鸟啼》诗中有这样一段："野人无历日，鸟啼知四时。二月闻子规，春耕不可迟。三月闻黄鹂，幼妇闵蚕饥。四月鸣布谷，家家蚕上簇（cù）。五月鸣鸦舅，苗稚忧草茂。"根据鸟啼声来判断月份，进行相应的农业活动，这便是物候授时的典型例子。我国古典文学名著《西游记》中也有一段有关"物候授时"的有趣情节：美猴王孙悟空离开花果山，渡过千山万水向菩提祖师学艺。数年后，祖师问悟空："你到洞中多少时了？"悟空回答说："弟子本来懵懂，不知多少时节，只记得灶下无火，常去山后打柴，见一山好桃树，我在那里吃了七次饱桃矣。"祖师

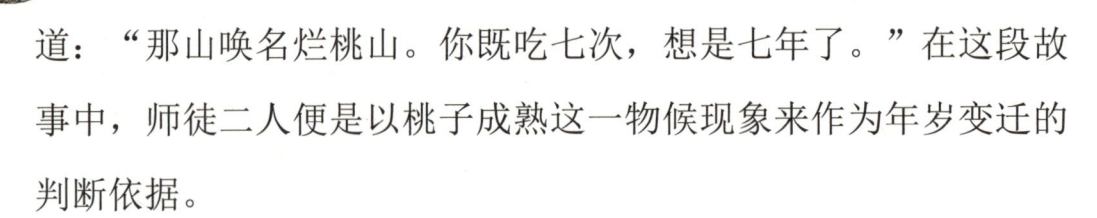

道:"那山唤名烂桃山。你既吃七次,想是七年了。"在这段故事中,师徒二人便是以桃子成熟这一物候现象来作为年岁变迁的判断依据。

然而,气候变化莫测,不同年份的草木荣枯、花开花落和燕子去来等物候特征都会不同,提前或推迟数天甚至数十天的情况经常发生。因此,随着社会的进步和发展,粗糙、原始的物候授时越来越难以满足生产生活的需要。在这种情况下,智慧的先民便开始了对天文学的探索。他们注意到,天空中太阳的东升西落、月亮的阴晴圆缺以及星斗的出没和转移,都存在着某种极为稳定的周期和规律,不仅可以用来确定时节,而且其精确性远远大于物候授时。例如,形状和勺子颇为相像的北斗七星,始终围绕着北极星进行有规律的旋转,因此可以根据斗柄所指的方向判断当时的季节:"斗柄东指,天下皆春,斗柄南指,天下皆夏,斗柄西指,天下皆秋,斗柄北指,天下皆冬。"又如,在一年当中,当"大火"星(又称辰星、心星)在黄昏时分显现时,这便标志着农事活动的开始;而当北方的"营室"星出没时,则意味着农事活动的完毕,当趁此时大兴土木、建造房屋。上古时期的儒家典籍《尚书·尧典》中有这样一段记载:"乃命羲和,钦若昊天,历象日月星辰,敬授人时。"说的就是尧命令当时的天文官羲氏与和氏,通过对天象的观察来确定时节、编订历法,从而指导人民的生产生活——这就是所谓的"观象授时"。

中国古代天文学除观象授时外,还有一个极为重要的目的,那就是探知天命，通过对天象的观察来窥探上天的意志。东汉史学家班固曾经给天文学下过这样一个定义："天文者，序二十八宿，步五星日月，以纪吉凶之象，圣王所以参政也。"即天文学是通过研究二十八星宿的序位排列和对五星日月的推步计算来归纳判断天象的吉凶，以供圣人和皇帝为政参考的一门学问。从这段话我们可以看出，中国古代天文学具有极为浓厚的神秘主义色彩。在中国数千年的封建社会中，每当有军国大事，皇帝都要向负责天象观测的太史征求意见，询问他们当时的天象是否有利于自己的行动；甚至普通的黎民百姓，在做一些重要决定的时候，也常常会翻一翻"黄历"，意图讨个好彩头。可以说，中国古代上自天子下至庶人，"天文学是一门神秘、神圣的学问"这一观点在他们心中都是根深蒂固的。

中国传统天文学与生俱来的实用性（观象授时）和神圣性（探知天命），使它成为历代帝王所严格控制和掌握的一种秘密知识，具有极为浓厚的官方色彩。中国古代的所有王朝，无不对历法进行垄断，禁止民间私习天文，倘有违反者必将予以严惩。正如《中国科学技术史》的作者李约瑟博士所说："谁能把历法授予人民，谁就有资格成为人民的领袖……颁布历法是天子的一项特权，正如西方统治者有权发行带肖像和姓名的货币一样。人民奉谁的正朔，便意味着承认谁的统治权。"

如果说存在着一种哲学思想贯穿了中国传统天文学的方方面面，那么毫无疑问，能将这门既广博又深邃的学问"一以贯之"的，

非"天人合一"思想莫属。正如国学大师钱穆先生临终前总结的:"中国文化中,'天人合一'观,虽是我早年已屡次讲到,惟到最近始彻悟此一观念实是整个中国传统文化思想之归宿处……总之,中国古代人,可称为抱有一种'天即是人,人即是天,一切人生尽是天命的天人合一观'。这一观念,亦可说即是古代中国人生的一种宗教信仰,这同时也即是古代中国人主要的人生观,亦即是其天文观。"在这种"天人合一"信念的支配下,"天"与"人"被直接地联系起来,高邈难测的天空似乎也充满了"人情味",原本只存在于人间的皇帝、宰相、将军、后妃、街市、河流、桥梁、战场、牢房、兵车、簸箕、酒斗等,在天上都有与之一一对应的星星。古人似乎按照人间的模式在天上又重新仿造了另外一个世界,无数美丽的神话,如牛郎织女、嫦娥奔月等都是这种思想的产物。与此同时,地上的人们通常也会顺应天文规律、效法天象来安排人事活动,如历代王朝的某些制度与政策就取法了星辰的运动规律,秦朝的长城、明朝的北京紫禁城等建筑也模仿了某些星宿的排布形态……此外还有一点必须提到,古人对于天象的异常变化(如日食、荧惑守心、彗星、陨星等)的关切程度远远超出今人的想象,他们坚信异常的天象在传达着上天的重大指示,人间将会有与之相应的巨变发生。例如,古人通常认为日食现象意味着君主将会遭受重大的灾难,彗星的出现表示人间将会面临除旧布新的变局等。也正是这种思维传统,使得数千年来很多改变中国历史进程的重大决定,最终竟然归结为某种

异常天象的出现！

　　法国哲学家伏尔泰曾经说："中国人把天上的历史同地上的历史结合起来了。在所有民族中，只有他们始终以日月食、行星会合来标志年代。我们的天文学家核对了他们的计算，惊奇地发现这些计算差不多都是准确无误的。其他民族虚构寓意神话，而中国人则手中拿着毛笔与测天仪撰写他们的历史。其朴实无华，在亚洲其他地方尚无先例。"事实上，不仅仅在亚洲地区，即使放眼整个世界，中国古代天文学曾取得的辉煌成就也令人瞩目。中国古人不仅制作了数据精密、性能优越并富有特色的历法，也发明了种类繁多、构造精巧、外形美观的天文仪器，还留下了长达三千多年持续、精确、系统的天象观测记录，这些都是在世界上绝无仅有的。与此同时，在宇宙论方面，古人曾提出了盖天说、浑天说和宣夜说等理论，其中很多论述具有卓越创见，至今仍有重大的启发意义。

# 第二章　古人眼中的宇宙

我们身处的世界是什么样子？头顶的苍天和脚下的大地，究竟具有怎样的形状，又存在怎样的关系？我们的先民持续地观察着，猜想着，计算着，试图解开这个深奥的谜题；又反复地辩论着，验证着，完善着，不断修正自己给出的答案。悠悠数千年，随着哲思的碰撞、灵感的迸发，中国古代朴素的宇宙理论逐渐形成。

## 一、盖天说

相传在远古时期，洪水之神共工与黄帝的孙子颛（zhuān）顼（xū）为了争夺帝位，爆发了一场大规模的战争。在战斗中，共工被颛顼手下的大将火神祝融打败，于是暴怒的共工一头撞向位于西北的天柱不周山。因此，天柱从中间折断，牵拉大地的绳子崩开，陡然之间，天的西北部塌了下来，日月星辰也随之改变了方位，天的中心"天极"向北方偏移，开始与地的最北端上下相对。不仅如此，大地也没能在共工的这次破坏中幸免于难，在东南端缺出了一大块，导致大大小小的河流全部向东南方向的缺口流淌，最终积聚成为大海。也正是因为这个天塌地陷的巨大事故，才又有了后来女娲炼制五色石补天、砍断大鳌四肢来撑天的动人传说。

这个神话故事，反映出中国人对于宇宙结构的一种古老看法：天就像圆形的华盖，地如同方正的棋盘，天空笼盖在大地之上——这种看法被称为"盖天说"。盖天说认为，苍天无时无刻不在以中心北极为轴向左旋转，而太阳和月亮则恰恰与此方向相反，不停地向右运动，只是"无奈"太阳和月亮如同锅盖上的蚂蚁，脚下的锅盖向左运动的速度远比它们自身运动的速度要快得多，因此，总的来看，太阳和月亮依然是被拖着向左运动的。

随着古人认识自然的不断深入，早先的盖天说理论上的缺陷逐渐显现出来。有人问孔子的弟子曾参："'天圆地方'，真的是这样吗？"曾子回答说："如果真的是'天圆地方'的话，那么半球形的天肯定不能完全盖住方形的地，四个角肯定会露出来的啊。"正是这些矛盾，使盖天说在原来的理论之上又做出了一些调整，不再认为大地是平平整整的棋局，而是将大地看作一个倒扣的盘子，四周高、中间低。就如中国现存最古老的天文学著作《周髀（bì）算经》中所说："天象盖笠，地法覆盘。"新的盖天说认为太阳在随天旋转的过程中共沿着7条轨道运行，在一年之中，向南运行时变换6次，向北返回时又变换6次。其中，太阳在冬至时沿外衡圈运动，春分和秋分时沿中衡圈运动，夏至

时沿内衡圈运动，如下图所示。

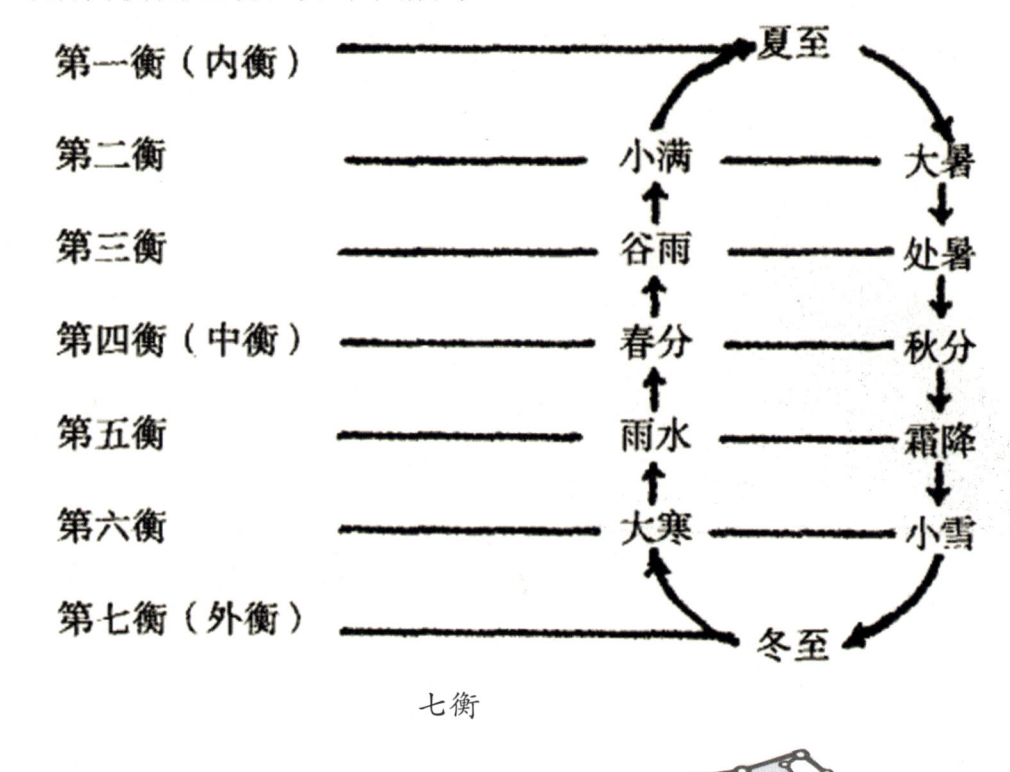

```
第一衡（内衡）──────────────→夏至
                                    ↓
第二衡　　────────小满────大暑
                       ↑            ↓
第三衡　　────────谷雨────处暑
                       ↑            ↓
第四衡（中衡）────春分────秋分
                       ↑            ↓
第五衡　　────────雨水────霜降
                       ↑            ↓
第六衡　　────────大寒────小雪
                       ↑            ↓
第七衡（外衡）──────────────←冬至
```

七衡

《周髀算经》，原名《周髀》，中国最古老的天文学和数学著作，约成书于公元前1世纪，从天文学角度讲，为一部对"盖天说"的阐释性著作。唐初规定它为官方教材之一，故改名《周髀算经》。《周髀算经》在数学上的主要成就是介绍了勾股定理及其在测量上的应用，如用于天文计算。三国时代的赵爽对《周髀算经》做过较为详细的注释。

为什么会有白天和黑夜呢？盖天说给出了这样一种解释：太阳光的传播范围是有限的，一旦超过了16万7千里，人眼便不能再感受到它照射出来的光芒了。因此，当太阳运行到离我们16万7千里的范围之内便是光明的白昼；相反，在这个范围之外则

为漫漫的黑夜了，如下图（假想我们从天空中俯视）所示。

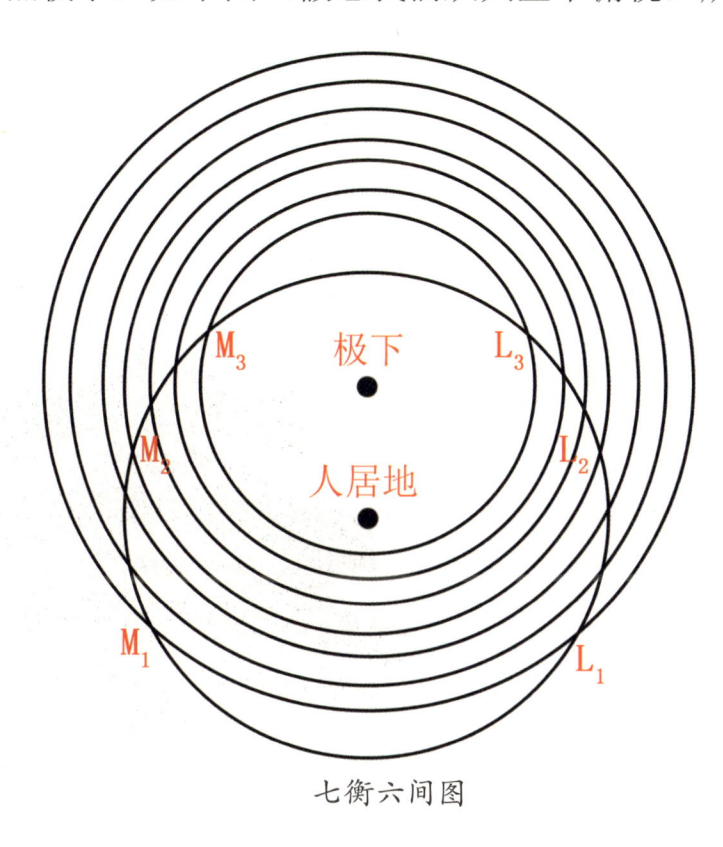

七衡六间图

与之类似，这个理论也可以用来解释为什么冬至昼短夜长，而夏至昼长夜短。此外尤其值得一提的是，盖天说认为天的中心为北极，地的中心为北极之下，在夏至日的阳城（今河南省登封市）树立一根八尺长的标杆，影子为一尺五寸，从阳城出发每向南千里影短一寸，向北千里影长一寸——盖天论者就将以上作为已知条件，运用勾股定理、三角形对应边成比例等原理，竟然求出了天的高度、内衡、外衡、半径等极其高深难测的数据。虽然前提条件本身就存在问题，这些结果也都不准确，但古人这种勇于探索、严密论证的精神却着实令人佩服。

盖天说是中国最古老的宇宙学说，与古人对天地最直观的感受吻合。就像古人唱的那首民歌："天似穹庐，笼盖四野。天苍苍，野茫茫，风吹草低见牛羊。"当一个人站在广袤（mào）平坦的大地上，放眼望去，在目力所及的最遥远的地方，天空的边缘与大地相接，天不正像那聚拢的华盖、地不正像那方正的棋盘吗？盖天说这种"天高地低""天圆地方"的理论，数千年来深深影响到中国人的方方面面，"天尊地卑"的哲学认识、"外圆内方"的处事方法、方孔圆形的铜钱、上圆下方的筷子及北京的著名建筑——圆形的天坛和方形的地坛等。只要在日常生活中稍加留心，我们就能找出许许多多这样的例子。

天坛祈年殿

## 二、浑天说

盖天说所构造的"天在上，地在下"的宇宙模型，实际上存在着诸多缺陷，越来越多地受到后世人们的质疑。到了两汉时期，涌现出一大批打破成见、敢于发难的天文学家，他们指出，盖天说中的很多理论并不合理，与实际情况存在矛盾。例如，盖天说认为太阳光的照射范围是有限的，只在半径为16.7万里以内的

区域可见，在此范围之外则是一片漆黑——既然如此，亮度远比太阳微弱的繁星，它们与太阳一同"镶在"天球上，为何却依然闪烁着点点的光芒？又如，盖天说认为夏至日太阳一天所行的路程只是冬至日的一半，则夏至日太阳的运行速度也应当为冬至日的一半，为何实际情况却远非如此？这些在盖天论者看来根本不能自圆其说的事实，运用这群质疑者的理论，却可以近乎完满地解释了。他们的理论，名字叫作"浑天说"。

浑天说也是一种关于天地结构的原始看法，"浑"就是圆的意思。这种理论认为，天像一个圆球包围着大地，天球一半在地上，一半在地下，所有天体都在天球上运动，同时又在随着天球不停地旋转。与盖天说一样，这种宇宙理论的起源年代也十分久远。早在公元前11世纪的西周初年，当时的统治者周天子就曾在宫廷之中摆放根据浑天说制作的模型"天球"，用来作为王权的象征器物。在百家争鸣的春秋战国时期，《庄子》等哲学著作也对浑天思想有过些许涉及，只是大多语焉不详。西汉、东汉为浑天说蓬勃发展的重要时期，西汉的落下闳（hóng）、鲜于妄人、耿寿昌、扬雄及东汉的张衡等都是做出过重大贡献的著名浑天论者，而大科学家张衡则为浑天说的集大成者。

中国天文浅话

　　扬雄，字子云，蜀郡成都（今四川成都）人，西汉末年著名的哲学家、文学家，对于天文学也有深刻、独到的见解。少年好学，博览多识，40岁后游历京师，以辞赋闻名，受到汉成帝的重视。王莽篡位后，扬雄奉命在天禄阁校对典籍，后因受到符命案牵连，被迫跳阁自尽，未死，后被召为大夫。扬雄的哲学著作和文学篇章对后人产生了极大影响，唐代文学家韩愈曾将他与孟轲、荀况相提并论，北宋政治家司马光更是用30多年的时间为扬雄的《太玄》和《法言》做注解。

　　张衡在他的《浑天仪注》一书中，对浑天说进行了总结和阐释："浑天如鸡子，天体圆如弹丸，地如鸡中黄，孤居于内，天大而地小。天表里有水，天之包地，犹壳之裹黄。天地各乘气而立，载水而浮。……天转如车毂（gū）之运也，周旋无端，其形浑浑，故曰浑天也。"在这里，张衡将天地的结构近似地比作一个生鸡蛋，天为球形的蛋壳，地为悬浮其中的鸡蛋黄。天外为气体，天内为水，地就漂在水上。而天的旋转就如滚动的车轴，永远也不会停歇。

　　浑天说在解释一年中的昼夜长短时，引入了"天球"的模型（如下图所示）。旋转的天球有南北二极，北极出于地上，南极没于地下。在春分和秋分时太阳沿圆2运动，白天与黑夜所走的路程相等；在夏至日太阳沿圆1运动，白天路程明显多于夜晚；在冬至日太阳沿圆3运动，白天路程明显短于夜晚。这种解释，比盖

天说更为严密、准确。除此之外，浑天说在描述天象变化的原因、预测星辰出没的日期等方面也较盖天说高出一筹。

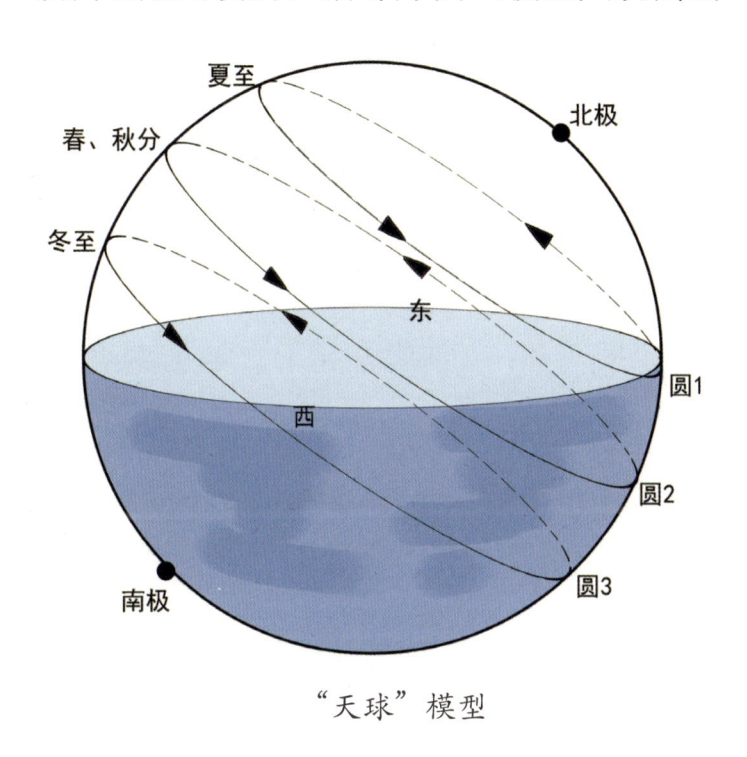

"天球"模型

然而，浑天说却并未因此就能够将盖天说的统治地位取而代之。尽管粗糙的盖天说有很多地方难以自圆其说，但它的竞争者浑天说也并非无懈可击。例如，浑天论者认为地像鸡蛋黄一样漂浮在水上，于是盖天论者便开始发难："若地是浮在水上，那太阳、月亮、星辰绕到地下去时又如何能够从水中通过呢？太阳是一团火，掉到水中岂不是会熄灭，第二天又是谁点燃的？"对于此类诘难，浑天论者要么对自己的理论涂涂抹抹，以致前后自相矛盾；要么干脆哑口无言，不知如何应对。

当然，还有一个原因似乎更加具有决定性——浑天说与中国古代社会的思想意识格格不入，极难浃洽。在古人心中，天比地高是理所当然的，"天尊地卑"是所有人的固有意识，并以此为出发点进一步形成了君尊臣卑、父尊子卑、男尊女卑的伦理观念。历朝统治者更是对这些观念大力渲染和推崇，然后加以利用，将此作为维护其统治的重要思想手段。例如，南北朝时期的梁武帝萧衍，就曾在宫廷中专门组织一大批学者以讨论宇宙问题为名，大力褒扬盖天说。在这种背景下，浑天说自然显得太"不识趣"了，竟然胆敢宣称：天并不总是比地高的，有一半位于地下，连日月星辰也常常会转到地下去。这样，哪里还存在着什么"天尊地卑"呢？

浑盖争论就这样持续了数百年，直到唐开元十二年（724年），僧一行、南宫说等人在河南的滑县、开封、扶沟、上蔡等地同时测量影子长度，发现滑县距离上蔡只有524.9里，但是二者的影长相差竟然达到2.1寸，用事实否定了"千里差一寸"的假设。至此，浑天说才终于成为大部分天文学家信服的主流宇宙理论，而盖天说则进入了哲学家们的思辨范畴。

## 三、宣夜说

东汉大学者蔡邕（yōng）曾说："言天体者有三家：一曰周髀，二曰宣夜，三曰浑天。"也就是说，除了前面所介绍的盖天说（即周髀说）和浑天说之外，在我国古代还存在着第三种宇宙理论——宣夜说。"宣夜"一词究竟应当作何解释，历来说法并不一致。东晋天文学家虞喜给出的答案似乎与实际更为接近，他说："宣，明也。夜，幽也。幽明之数，其术兼之，故曰宣夜。"意思是："宣是明显的意思，夜是幽深的意思。对于二者的规律，这种方法都

能够概括出来，因此称为'宣夜'。"

蔡邕：东汉最著名学者之一，博学多识，文学、音乐、书法、天文无所不通。东汉桓帝时，天子听闻他擅长古琴，遂召他入京为官，蔡邕称疾不往。灵帝时被拜为郎中，负责校对典籍。后来由于上书弹劾宦官而被流放，遇赦不敢返归乡里，在江浙一带流亡12年之久。汉献帝时董卓专权，但是对蔡邕敬重有加，强迫其出来为官。后来董卓被司徒王允、温侯吕布所诛，蔡邕由于一声叹息而引得王允大怒，遂被捕，最终死于狱中。

虞喜：字仲宁，余姚人。博学好古，尤喜天文历算。三国时期大儒虞翻之后，世为豪族，精天文、经学，兼擅谶（chèn）纬诸学。东晋咸和五年（330年），根据冬至日恒星的中天观测，发现岁差，认为太阳从第一年冬至到第二年冬至向西移过原先位置，推算出每50年退一度（现代测定为71年8个月）。《宋史·律历志》载："虞喜云，尧时冬至日短星昴，今二千七百馀年，乃东壁中，则知每岁渐差之所至。""岁差"一词由此而来。此前中国天文学家认为，太阳从上年冬至到这一年冬至环行天空一周永相吻合（那时尚不知地球绕太阳环行）。这一发现对以后的天文学颇有影响。咸康年间，根据宣夜说著《安天论》，主张天高无穷，在上常安不动，日月星辰各自运行，以批驳浑天说、盖天说。

第二章 古人眼中的宇宙

同盖天说和浑天说不同，宣夜说否定了"天是一种壳状结构"的固有看法。宣夜说认为地面之上并不存在固体的"天壳"，天实际上是没有实质形体的无限空间，它的苍色不过是因为无限高远而显现出的一种视觉效应罢了。就像黄色的山脉远望时呈现青色，千仞的深谷俯视时显示出黑色，而事实上"青"非本色，深谷中的"黑色"也绝不是实际物体。日月星辰都漂浮在一片虚空之中，它们的运行与停驻靠的是一种"气"的作用。也正是因为这个缘故，它们的运动状态才能够互不相同。假如真的像盖天说和浑天说宣扬的那样，日月星辰都"镶嵌"在天壳上，那么必然会随着天壳一进全进、一退全退、要快都快、要慢都慢，如何还能够自由自在、逍遥任性地各自运动呢？

先秦时期的一些哲学著作也曾对宣夜说进行过生动的描述，最为有趣的当属《列子·天瑞》篇中"杞人忧天"的故事。有一个杞国人担心天与地会在某一天崩塌坠落，因而整天惴惴不安，不知道要躲到哪里去才能躲开这一场巨大的灾难。为此，他食不甘味，夜里也忧愁惶恐得睡不着觉。又有一个人，他对整天忧虑的杞人感到十分忧虑，便前去开导杞人。他说："天不过是气体的堆积，整个宇宙到处都是气，我们每时每刻就生活在'天'中，何必担心天会塌下来呢？"杞人说："天如果真的是气态，那日月星辰不会掉下来吗？"那人回答说："日月星辰也不过是能够发亮的气体，即使真的会掉下来也不会把人砸坏的！"杞人又说："那么，如果地坏了又该怎么办呢？"开导他的人又说："地是固体的硬块，充满于整个宇宙空缺的地方，十分结实，人们可以随意地在上面奔跑跳跃也不会踏坏的！"杞人听了这番解释之后，心中的大石头一下落了地，开心极了；而那个担忧他的人，心中的大石头也一下落了地，开心极了。

在今天看来，宣夜说中的很多观点在当时都是领先的，它对于宇宙的理解与真实情况也较为接近，这在既没有望远镜也不懂得万有引力定律的古代，让人不得不赞叹其思想的难能可贵。然而遗憾的是，这种宇宙学说既缺乏理论证明，也没能像盖天说和浑天说那样发展出一套与之相应的计算模式，而是在思辨的层面上停滞不前，始终都没有成为一个完整的学说。久而久之，人们对于这些"空谈"逐渐淡漠，宣夜说日渐式微，甚至几乎湮没不闻了。

第二章 古人眼中的宇宙

# 第三章　人情味的星空

德国哲学家康德说:"世界上有两样东西能够深深地震撼人们的心灵,一个是我们心中崇高的道德准则,一个是我们头顶上灿烂的星空。"深邃的夜空,璀璨的群星,这里寄托了诗人的想象,吸引着孩子的目光。给那些星星起上好听的名字吧,再给它们三个一群、五个一伙地划分开来——它们是天上的,可也是人间的呀!

## 一、中国星官体系

在某个晴朗的仲夏之夜,当你半躺在椅子上乘凉,抬头仰望,只见那满天群星或明或暗闪烁着,像是有人眨着眼睛,映衬着那遥远而又神秘的深蓝色天空,此时谁的心中不会升起一种莫名的感动与遐思?夜空中的星星,绝大多数都是我们今日所说的"恒星"。只是,它们并非像名字中所说是"恒定的星星",而是像宇宙间的一切其他天体一样,始终都在不停地运动着。我们认为它们保持恒定不动,是因为它们距离我们所在的太阳系实在过于遥远,以至于它们的位置变化在几百年甚至更长的时间都难以被觉察出来。

有了这些"不动的"恒星作为参考,我们便可以比对出那些"动

的"星星的所处位置、运动状态和运行规律。因此，古人在对太阳、月亮和金、木、水、火、土五行星进行研究时，很自然地便将满天恒星组成的星空背景作为坐标参照系。在建立这个参照系之前，首先要做的就是明确恒星分布的特征。为此，我国古人将天空中的恒星多寡不一地组合在一起，每个组合给定一个名称，这样的组合就称为星官，与现今人们所说的"星座"概念颇为相近。每个星官的恒星数目有显著差异，多的几十颗，少的则只有两三颗，甚至一颗。

西方的星座：一般认为，约在公元前3000年，古巴比伦人已经有了黄道12星座（又称作黄道十二宫）的概念，后来经过腓尼基人传入古希腊。古希腊人在此基础上，又创立了许多新的星座。他们把星座名称和神话传说联系起来，既给人以丰富的想象，又有助于认识和记忆星座。到公元2世纪，古希腊天文学家托勒密总结了古希腊天文学的成就，写成巨著《至大论》，书中介绍了48个星座的名称（包含黄道12星座），其中绝大部分沿用至今。到了15世纪大航海时期，欧洲人发现了通往东方的新航道，看到了在地中海一带难以看到的南天恒星。1603年，德国天文学家巴耶尔增添了12个南天星座，用南半球的动物名称命名，如孔雀、杜鹃、火烈鸟、飞鱼等。1687年，波兰天文学家赫维留又增添了一

第三章 人情味的星空

些新星座，主要以珍奇动物名称（如犀牛、长颈鹿等）命名，其中有9个保留至今。到了18世纪，法国天文学家拉卡伊又增加了14个星座，并采用当时的科学仪器和一些工具给这些新星座命名，如圆规、显微镜、望远镜等。但是在后来，一些人随心所欲地增设新星座的做法导致星座命名的混乱。为此，1928年国际天文学联合会决定，将全天划分成88个星区，即88星座，现代星座体系也自此正式定型。沿黄道天区的12星座：双鱼座、白羊座、金牛座、双子座、巨蟹座、狮子座、室女座、天秤座、天蝎座、人马座、摩羯座、宝瓶座；北天29星座：小熊座、大熊座、天龙座、天琴座、天鹰座、天鹅座、武仙座、海豚座等；南天47星座：唧筒座、天燕座、天坛座、雕具座、大犬座、船底座等。

中国古人很早就开始留意对恒星的观测和记录，西汉太史令司马迁的《史记·天官书》最早系统地记载了500多颗恒星，在此基础上，东汉班固的《汉书·天文志》当中又增加了200多颗，前后加起来总共有783颗，后来东汉著名天文学家张衡获得的恒星数目大大超过以往，达到2 500颗之多！三国时期，吴国的太史令陈卓在前代天文学家观测的基础上，进行较为全面的总结和归纳，共统计出了1 464颗"与人间关系密切"的恒星，并将它们划为283个星官，建立了一套以"三垣（yuán）二十八宿（xiù）"

为骨架的恒星划分系统,即中国星官体系。这个体系成为中国古代恒星天区划分的标准方式,一直沿用至清代。

三垣,指的是紫微垣、太微垣、天市垣。垣,本义就是"墙",由于这三个天区都是被形似围墙的星官包围而成,因此得名。

陈卓:三国时人,天文学家,青年时即任吴国太史令,善于星占,精通天文星象,曾与吴国天文学家王蕃作《浑天论》,并于这一时期开始收集当时流行的甘氏、石氏、巫咸氏三家星官,进行汇总工作。公元280年晋灭吴后,陈卓自吴都建邺(yè)(今南京)入洛阳,任晋国太史令。这期间他绘成了总括三家星官的全天星图,并写了占和赞两部分文字,还撰写了《天文集占》10卷,《四方宿占》和《五星占》各1卷,《万氏星经》7卷,《天官星占》10卷等占星学方面的著作。4世纪初,陈卓已从太史令职位上离任,但仍参与皇室天文星占事宜。公元316年,西晋亡,陈卓重返江东,于317年在东晋都城建康(今南京)参与了元帝司马睿的立国,复为太史令。

天赤道,指地球赤道平面向外延伸与天球相交形成的大圆环,位于地球赤道的正上方。

黄道,也称日道,是一年中太阳在天球上运行的轨迹。

第三章 人情味的星空

二十八宿则为28个恒星星群，它们将黄道（太阳在天空中慢慢走过的那一条路线）附近范围较宽的一条恒星带划分成28个天区。为什么是二十八宿呢？这里首先要讲一下"宿"的意思。"宿"即"舍"，有住宿、停留的意思。在古人的想象中，月亮的运行犹如人在赶路，白天辛辛苦苦奔走一天，到了晚上则要住宿在旅店中歇息。相对于恒星参照系，月亮在天空中走一圈共用27.32天，每天走一站，共停留了28家"月站"，就是二十八宿。另外，古人根据肉眼观察，在每宿中挑出一颗最为明亮醒目的星星作为量度的标准星，叫作距星。有了这个指标，古人夜观星象时就好似有了一把尺子，十分便利。

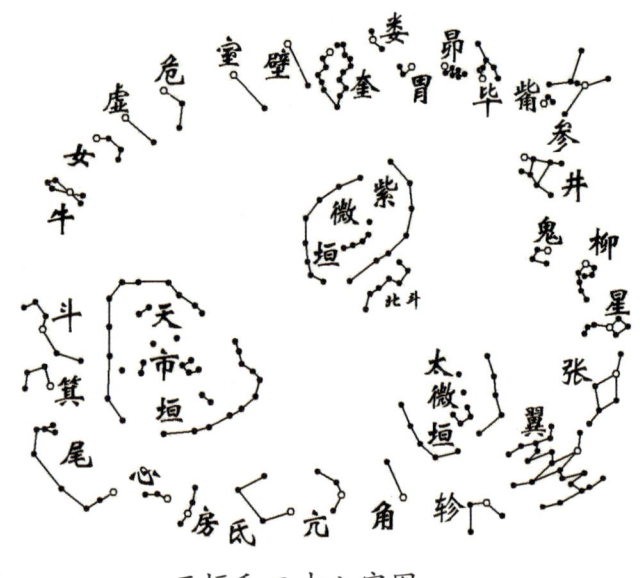

三垣和二十八宿图

## 二、二十八宿

古人将全天二十八宿按东、北、西、南四个方位划分为四部分，每一部分包含七个星宿，并根据各部分中七个星宿组成的形状，用四种与之相像的神兽命名这四个部分，称为"四象"。就如张

衡在《灵宪》中所述："苍龙连蜷于左，白虎猛据于右，朱雀奋翼于前，灵龟圈首于后。"

| 东方苍龙 | 南方朱雀 | 西方白虎 | 北方玄武 |

"四象"瓦当

## 东方苍龙

位于东方的星群，形象为一条头朝东、尾朝西的腾飞的巨龙，共包括角、亢、氐（dī）、房、心、尾、箕（jī）七宿。苍就是青色，是春天的颜色。

东方苍龙之象

角，就是龙角。每到农历二月前后的黄昏时分，角宿就会出现在东方的地平线上，这意味着春天的到来。此时主管行雨的苍龙带来了很多雨水，应当趁此时节开始春耕。我国北方有两句民谚广为流传："二月二，龙抬头；大仓满，小仓流。"其中的"龙抬头"指的就是苍龙的两只龙角从东方地平线上开始抬起。

每年的"二月二"春龙节，民间都会有很多与"龙"相关的习俗来"应景"，如"剥龙蛋"（剃头）、"吃龙耳"（吃饺子）等。除此之外，"爆金豆"也必不可少，而且还有一个与之相关

的传说。相传天帝有一次变成乞丐到人间微服私访，在路过一家庄园时，他刚要开门伸手讨饭，吝啬的财主便放出了看门狗扑咬他。天帝因此大为恼火，认为如今人人无怜悯之心，理当受到天罚，因此传令东方苍龙，要求三年之内不得向人间降下一滴雨水。可想而知，三年不下雨，靠天吃饭的百姓必然会遭受灭顶之灾，苍龙觉得天帝的做法实在不通情理，便在第三年的时候偷偷地给人间布雨。一场大雨过后，大地的旱情得到缓解，禾苗也开始生长，百姓们纷纷给苍龙设案供奉，称苍龙为"龙王爷"。后来天帝听闻此事，勃然大怒，将不遵守天规的苍龙压在"青龙山"之下，并在山口立了一个石碑，上面写道："苍龙降雨犯天规，当受人间千秋罪。若想重登凌霄阁，除非金豆开花时。"感恩戴德的百姓们绞尽脑汁想要拯救苍龙，却怎么都找不到能够开花的金豆子。终于，他们在翻晒玉米种子时突然想到："这黄澄澄的玉米粒不就是'金豆'吗？将它放在锅里炒一炒，它就会爆开花，这不就是'金豆开花'吗？"于是家家户户都开始爆玉米花，并设案焚香，给玉帝供上开了花的"金豆"。玉帝见此情景，只得把苍龙放回来继续给人间行云布雨。此后，每到农历二月初二，人们便爆玉米花吃，还边吃边说："金豆开花，龙王升天，行云布雨，五谷丰登。"

除角宿外，亢、氐、房、心、尾五个星宿也是指苍龙的不同部位，亢为龙颈，氐为龙足，房为龙腹，心为龙心，尾为龙尾。这里要着重介绍一下心宿中间的一颗亮星，名字叫作大火，也叫商、辰，有的时候则直接简称为"火"（并非太阳系的行星火星）。大火呈火红色，为整个天空中第15亮星，十分醒目，是古人确定季节的一个重要标志，在阅读古书时常常能够看到它的身影。例如，《诗经·豳（bīn）风·七月》中就有一句诗："七月流火，九月授衣。"很多不懂天文学的人望文生义，误认为"七月流火"是形容天气炎热得如同下了火，与诗句的本意南辕北辙。实际上这里的"火"指的是大火星，按商周时的历法，七月已是秋天。这句话的意思是："在农历七月天气转凉的时节，天黑以后可以看见大火星从西方慢慢落下去，这便预示着寒冷的季节即将来到，在九月应该尽快准备御寒的衣服了。"

箕宿则是东方苍龙七宿当中唯一与龙无关的，共包含四颗星，连起来就是一个形似簸箕的四边形，因此得名。

## 北方玄武

玄武是两种动物的结合体，样子最为特殊，是一条蛇绕在大龟的身上。玄武七宿为：斗，牛，女，虚，危，室，壁。

拜牛郎织女轰轰烈烈、妇孺皆知的"异地恋"故事所赐，玄武七宿中的牛宿和女宿以压倒性的优势获得了"百姓最熟悉星宿奖"，在此，它们首先应当感谢牛、女

北方玄武之象

二宿北面的牵牛星（又叫河鼓大星）和织女星。这两颗星位于银河的东西两岸，含情脉脉地相望，只有在每年的七月初七，上弦月的光辉掩盖了银河，那一条横亘在牛郎与织女之间不可逾越的界限好似消失，这对天上的有情人才终于相见。此时，地上的无数有情人也为他们的故事感动，北宋秦观为此作了一首《鹊桥仙》，词云："纤云弄巧，飞星传恨，银汉迢迢暗度。金风玉露一相逢，

银河，我国古代又称为"天河""云汉"，是星空背景上的一条白茫茫的光带，从东北向西南方向划开整个天空。在银河里有许多小光点，就像撒了白色的粉末一样，辉映成片。实际上一颗白色粉末就是一颗巨大的恒星，银河就是由无数的恒星构成的。太阳所在的星系就叫银河系。

民间盛传的牛郎织女故事，实际上是从下面这个更原始的版本衍生出来的。据《月令广义》记载，在天河东岸居住的织女本是天帝的女儿，她心灵手巧，认真劳作，一年到头忙着纺织，做成了一件极为美丽华贵的"锦天衣"。然而她自己却因为工作太忙，毫无时间来修饰打扮，更谈不上为自己织一件合身的衣服了。天帝怜惜她太过孤独，没有伴侣，便允许她下嫁给天河西岸的牵牛郎。哪知道，她结婚之后却只知道和牛郎卿卿我我，把纺织的工作完全荒废了，天帝因此大为震怒，责令她回到河东去住，每年只允许和牛郎相会一次。

便胜却人间无数。柔情似水，佳期如梦，忍顾鹊桥归路。两情若是久长时，又岂在朝朝暮暮？"

在牛宿不远处，有一个形似酒斗的斗宿，从分野来讲"牛斗"指的便是江南吴越地区。相传在西晋初年，晋武帝司马炎意图挥师南下，灭掉偏居东南一隅（yú）的吴国。可是当时的占星家却说："现在斗牛之间有紫气，那便意味着吴越地区正处强盛之时，切切不可伐吴。"司马炎没有听从，仍然命令杜预等率领大军渡过长江，一举荡平江东，终于使三分天下归于一统。然而奇怪的是，牛斗之间的紫气却越加明显，天空中一片奇异的景象，令当时所有天文学家都大为疑惑。这时，有人暗中告诉朝廷重臣张华说："这种紫气，实际上是宝剑的精气上达于天形成的，因此我判断在丰城必有宝剑埋存地下。"张华一听大喜，说道："一定是这样！年轻时就有算命的说我是'六十岁后做三公，获得宝剑配腰间'。既然如此，我就把你安排到丰城做地方官，到那后你偷偷地把宝剑给我找出来！"果然，不久之后，此人在丰城监狱的地下挖到了一个石匣，打开一看，光彩夺目，两把宝剑藏于其中，剑身上面刻着剑名，一把为"龙泉"，另一把为"太阿"。将宝剑取出之后，再观天象，此时牛斗之间

的紫气已经完全消散了。由这个典故还衍生出了两个成语：一个是"气冲牛斗"，形容气势很盛；另一个是"丰城剑气"，比喻宝物、人才终究不会被埋没。

## 西方白虎

奎（kuí）、娄（lóu）、胃、昴（mǎo）、毕、觜（zī）、参（shēn）组成了西方白虎七宿。

在西方白虎七宿中，有一个是东方苍龙心宿的"亲兄弟"——参宿。据史书记载，上古时期的部落领袖高辛氏有两个儿子，大儿子叫阏（yān）伯，小儿子叫实沈。这兄弟二人相处得很不融洽，经常带着自己的手下人互相争斗。当时的君主尧帝为了平息兄弟俩之间的争端，只得将他们远远地分开，一辈子永远不再相见。尧帝下了一道诏令，将阏伯封在商地（今河南商丘一带），把实沈封在大夏（今山西太原附近）。后来阏伯成了商宿（即心宿）之神，而实沈则成为参宿之神，这兄弟俩在天上仍然没有将仇恨化解，各自分布在天球遥遥相对的两侧，每当心宿高挂在天时，参宿一定躲在地平线以下，而等参宿冉冉东升时，心宿便又悄然落下，永远不会同时出现。因此，后人就用"参商"来比喻两人感情不和睦，也比喻亲友分

隔两地不能相见。唐代大诗人杜甫有一首《赠卫八处士》，诗中说："人生不相见，动如参与商。"就是感慨人生在世，很多时候亲密的老友会分隔两地不能相见，就如同那天上的参宿和商宿一样。

## 南方朱雀

朱雀七宿为井、鬼、柳、星、张、翼、轸（zhěn），在天空中的形象是一只鹌鹑，因此古人给它的三个部分命名为"鹑（chún）首""鹑火"和"鹑尾"。井宿的南部有一颗夜空中最亮的恒星——"天狼星"，古人认为这是虎狼一样贪婪的北方蛮夷的代表，当天狼星变得格外明亮时，那便是蛮夷入侵的预兆。北宋大文豪苏轼有一首脍炙人口的豪放词作品《江城子·密州出猎》："老夫聊发少年狂，左牵黄，右擎苍，锦帽貂裘，千骑卷平冈。为报倾城随太守，亲射虎，看孙郎。酒酣胸胆尚开张，鬓微霜，又何妨？持节云中，何日遣冯唐？会挽雕弓如满月，西北望，射天狼。"苏轼词中要射的"天狼"，便是井宿

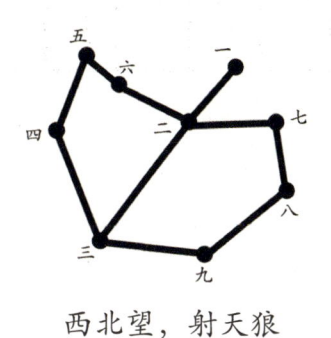

南方朱雀之象

西北望，射天狼

的天狼星，而他手挽的"雕弓"，则为和天狼星一样同属井宿、形似弓矢的弧矢九星。这九颗星的"箭头"直指西北方向，是天狼星的一组"克星"，每当它们变得明亮、动摇时，那便意味着中原朝廷将会派大军征讨北方的胡人。这首词作于宋神宗熙宁八年，当时辽国南下侵宋，苏轼用这一句"会挽雕弓如满月，西北望，射天狼"表达了自己虽遭贬谪，但仍愿效力疆场率领大军抵御外侮的豪情壮志。

每提及翼宿和轸宿，很容易让人联想到唐代诗人王勃的千古名篇《滕王阁序》开头的几句："豫章故郡，洪都新府。星分翼轸，地接衡庐。"这句话是什么意思呢？在解释之前，我们必须清楚中国传统天文学中"分野"的概念。古人认为，地上的方国、州郡是可以和天上的区划——二十八宿互相对应起来的，当某一星宿有异常天象出现时，通常便意味着与之对应的那些国家、州郡会发生不同凡响的大事。其对应关系如下表所示。

分野表

| 地区 | 韩地 | 宋地 | 燕地 | 吴地 | 粤地 | 齐地 | 卫地 | 鲁地 | 赵地 | 魏地 | 秦地 | 周地 | 楚地 |
|---|---|---|---|---|---|---|---|---|---|---|---|---|---|
| 天区 | 角亢氐 | 房心 | 尾箕 | 斗 | 牛女 | 虚危 | 室壁 | 奎娄胃 | 昴毕 | 觜参 | 井鬼 | 柳星张 | 翼轸 |

根据以上表格可知，"翼轸"的分野即是楚地，那里正是滕王阁的所在，王勃诗句之意自然也就能明白无疑了。

以今人的眼光看"分野"是毫无科学道理的，但是古人却对此抱着深信不疑的态度。中国古代的地方志，无不明确地标注出

本地星分几度，而且还有整有零煞有介事，就好似今天人们在地图上标注东经多少度、北纬多少度一样。

陈寿的《三国志》记载了这样一个根据分野进行占卜的例子。在东汉桓帝时期，宋楚分野突然出现了一颗黄色的亮星，当时一个占星家预言："50 年后，将有一个伟大人物出现在这个地区，他的锋芒锐不可当。"果然，在 50 年后，出生于宋楚地区的曹操挟天子以令诸侯，在官渡大破袁绍，群雄莫敢与之争锋。

## 三、三垣

夜空中的中宫三垣，实际上就是人间的皇朝在天上的翻版，同时也是地上的君王所仿效的神界楷模，天与人之间彼此交汇，息息相通。

紫微垣是天上的"内朝"，也就是皇帝私人办公和休息的地方。天帝坐镇中央北极，身旁是后妃、太子、宦官等，周围则为丞（类似于皇帝的秘书，为内朝最高官员）、枢、辅、弼等天帝的贴身秘书及宫廷卫队等。太微垣是外朝，为朝廷的最高行政机构，天帝在这里同大臣们处理政务，商讨国家大事。其中央是帝座，旁边是太子、从官、幸臣，四周分布着近臣、三公、九卿、诸侯、上相、次相、上将、右执法、左执法等。按照周礼"前朝后市"的说法，宫殿前面为行政区，宫殿后面为贸易区，天上的布局自然更是如此。紫微垣之后的天市垣便是天上的贸易区了，这里车

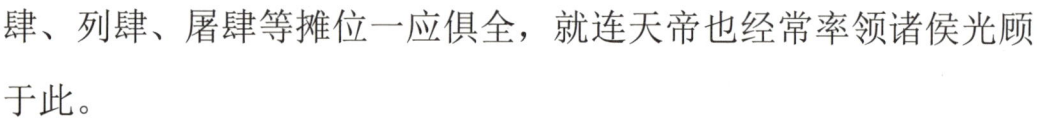

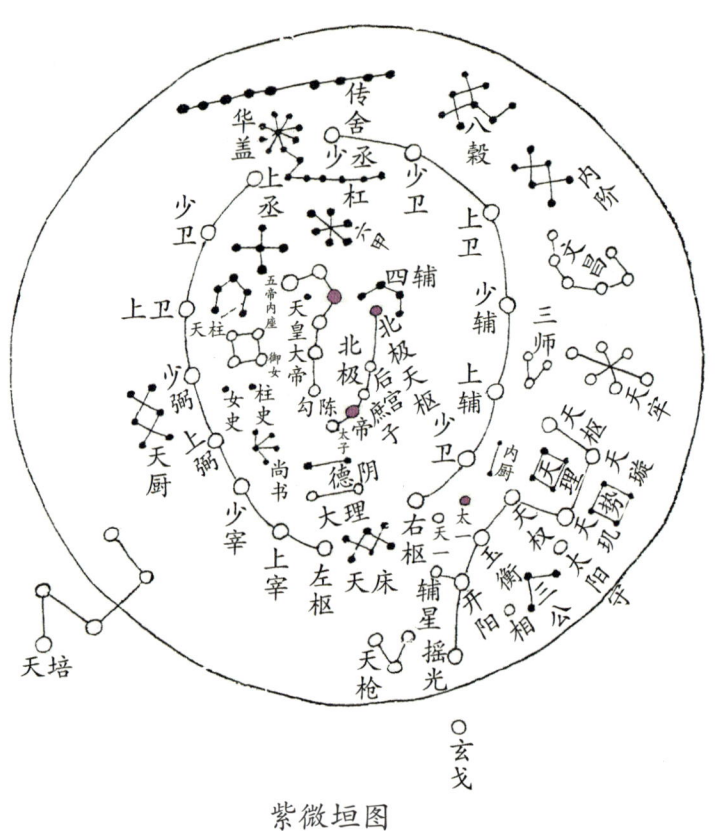

肆、列肆、屠肆等摊位一应俱全，就连天帝也经常率领诸侯光顾于此。

三垣当中最为重要、最为人熟知的当属北极星和北斗七星了。北极星即天帝，名为太一。太，具有"最"的含义；一，则意味着"初始"。合而言之，太一指的就是最崇高的宇宙的造物者。北极星，

紫微垣图

这位天上的最高统治者，一直为中国人所崇拜，具有非比寻常的意义。由于地球是围绕着地轴进行自转的，而北极星正好位于地轴的北部延长线上，所以我们可以看到，无论春夏秋冬的时节如何变迁，北极星都是不偏不倚地处于正北，始终不离其位。这给古人带来了一个极其重要的政治启示，就像孔子对弟子们说的："为政以德，譬如北辰，居其所而众星共之。"也就是说，人间的统治者应当修身养德以成为天下人的表率，像天上的统治者北极星那样，中正、坚定而又从容地处在君主之位，这样一来并不需要整日发号施令，自然而然就会得到群臣与百姓的支持和拥护，

达到天下大治的政治局面。

与此同时，历代帝王为了神化自身来达到维护统治的目的，不断编织谎言，宣称自己便是北极星在人间的化身，其皇帝宝座也像北极星一样永远稳固，万世不移。两汉时期的人们对于星象尤其迷信，中国历史上赫赫有名的"明君"东汉光武皇帝刘秀不仅不能免俗，甚至比别人还要醉心于此，对这种风气起了推波助澜的作用。

人间皇帝居住的宫殿被称为"紫禁城"，就是对紫微垣的模仿。紫微垣位于中天，位置永恒不变，是天上帝王的居所，又被称为"紫宫"。而封建皇帝自命为上天的儿子，自然要仿效上天，将自己居住的皇宫也比喻成紫宫，设想自己能够施政以德，四方归顺，八面来朝，以达到江山稳固、统治万年的目的。秦始皇修阿房宫，也是按天上的星象修的。秦以十月为岁首，十月的星空，天河东西横陈，天极在其北，营室在其南，天河上的阁道像一架桥梁，连通南北。地上的秦咸阳宫在渭河北，它象征天极，秦人在渭河上修有复道象征阁道星，又在渭河南修阿房宫以象征营室。

当时有一名贤人名叫严光（本姓庄，后为避汉明帝刘庄讳，被史家改称为"严"），字子陵。他早年与东汉的建立者刘秀是同学，关系十分密切。刘秀称帝之后，严光隐居山林，常常独自

一人披着羊皮袄在大泽中钓鱼。光武帝屡次派人去请他出山，他总是摆出一副狂傲的样子断然拒绝。不得已，刘秀只好亲自来到严光的住处来请这位昔日的老友。岂料严光躺在床上，蒙头大睡，就是不肯下来迎接皇帝。这时刘秀走到他的床边，摸着他的肚子，吓唬道："咄！你这个严子陵啊，就是不肯出山帮我打理天下吗！"严光仍是装睡不起，过了好久才回答说："你是好皇帝，哪用得着我建言献策？我只想做个隐士，你又何必逼我？"刘秀只好摇头叹息而去。不久之后，刘秀再次相请，两个人不谈政事，坐在床上叙旧，很是亲密。刘秀问："朕和从前相比，怎么样了？"严光这次仍是不给面子，答道："也就稍微强了那么一点儿吧。"夜深，二人便同床共眠，没想到严光睡觉极不老实，将脚登在了刘秀的肚子上。第二天，太史匆忙进来禀报说："启禀皇上，大事不好，臣夜观天象，见有一颗星星突然出现，侵犯到了北极附近！"光武皇帝听后大笑："这其实是老朋友严子陵晚上睡觉时蹬到我肚子的缘故。"

"诗圣"杜甫的《登楼》中有一句："北极朝廷终不改，西山寇盗莫相侵。"告诫吐蕃入侵者，大唐的统治就像北极星一样万世不易，莫要再妄图颠覆。但事实却绝非如此，不仅大唐王朝后来被人篡夺，就连那天空中神圣的北极星也不是永远不变的。

南北朝时期祖冲之的儿子祖暅（gèng）通过观测发现，北极星并不在北天极，而是离北天极有一度多角的距离。600年后，北宋的沈括也得出了这个结论，只是他观测到的差距更大，北极

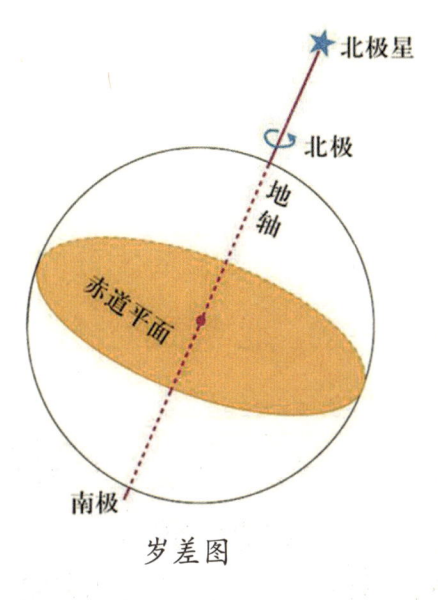

星离北天极已有三度之多！这是什么缘故呢？现代的天文学知识告诉我们，地球在公转的过程中，受日、月、行星引力作用的影响会发生陀螺运动，导致地球自转轴的空间指向会发生长周期变化（称为地轴进动），从而使一个回归年短于真正的地球公转周期（即恒星年），这种现象称为岁差，在我国最早由东晋天文学家虞喜发现。岁差的存在使得地轴不能永远固定在某个特定位置上，而是围绕着一个中心做极为缓慢的圆周运动，周期为 25 770 年。

岁差图

在公元前 3000 年左右，正好处于北极的是右枢星（即天龙座 α），到了公元前 10 世纪左右的西周时期，天帝星（小熊座 β）才占据北极俯视天下，而时至今日，帝星早已"退位"，处于北极位置的已经是勾陈一（小熊座 α）了。到公元 4000 年后，少卫增八（仙王座 γ）将取而代之登上宝座；到一万年之后，北极将转移到织女星（天琴座 α）附近，一代"女皇"开始统治天庭。由此可知，并不存在着所谓的"北极朝廷终不改"，"皇帝轮流做，明年到我家"才是真正的事实。

在紫微垣的"宫门"之外，停着一辆天帝的专用马车——北斗七星。北斗七星由于形似酒勺而得名，又因为它前半部分的 4 颗星（即斗魁，意为酒勺的大头部分）略呈长方形，和马车厢有

些神似，而斗柄部分的3颗星与车夫头上的棚子略微相像，因此又被古人称为"帝车"，即天帝的马车。

西汉天文学家司马迁曾说："分阴阳，建四时，均五行，移节度，定诸纪，皆系于斗。"这句话虽然拗口，但其意思十分明确，即北斗星具有确定时节的作用。据古人观察，北斗星的斗柄能够像钟表的指针一样准确地指示四季的变化：黄昏，当斗柄指向东方时，那便意味着春天回归大地；斗柄指向南方时，炎热的夏季就将降临；斗柄指向西方时，萧瑟的秋风倏然而至；斗柄指向北方时，人们将要裹上厚厚的冬装。

西汉石刻·北斗帝车

前面我们已经介绍过，在天空的北部也有一个形似酒勺的斗宿，古人为将二者区分开来，便称处于太微垣的帝车为北斗七星，而将斗宿称为南斗六星。东晋干宝的志怪小说《搜神记》记载了一个关于南北二斗的故事，十分精彩。说三国时有一个名叫管辂的术士，对于相面极为擅长。有一次管辂来到平原县，路遇颜超，只见其面色很不寻常，是夭亡的预兆，便对他说："你回家赶紧准备一壶好酒和一斤鹿肉干，等到卯日，在麦田南边的大桑树下会有两个人在那儿下围棋，你就赶紧拿着酒肉过去伺候他们吃喝。如果他们问你，你不要说话，只管向他们磕头作揖。这样一来，必定会有人救你一命的。"颜超按照他的话而行，果然在那天看

到有二人在大桑树下下棋，便走近他们身边，频频地伺候酒肉。

这二人专注于下棋，竟然也没有察觉。酒过数巡，北边那个人才注意到颜超，大吃一惊，责问道："你怎么在这里？"颜超俯身便拜。南边那个人说话了："刚才已经吃了人家的东西了，怎么能这样不讲情面呢？"北边的人回答说："可是文书都已经写好了呀！"于是南边那人把文书拿过来，翻了翻，见上面清楚写着颜超的寿命是十九岁，便拿起笔来划了两下，对颜超说："我稍稍挽救你一下，让你活到九十岁。"颜超拜谢而回。回来后，管辂对颜超说："恭喜啊！你延寿到了九十岁。这两人中，北边坐的那人是北斗，南边的是南斗，南斗管生，北斗管死，生日由南斗确定，而死期则是由北斗来定啊。"

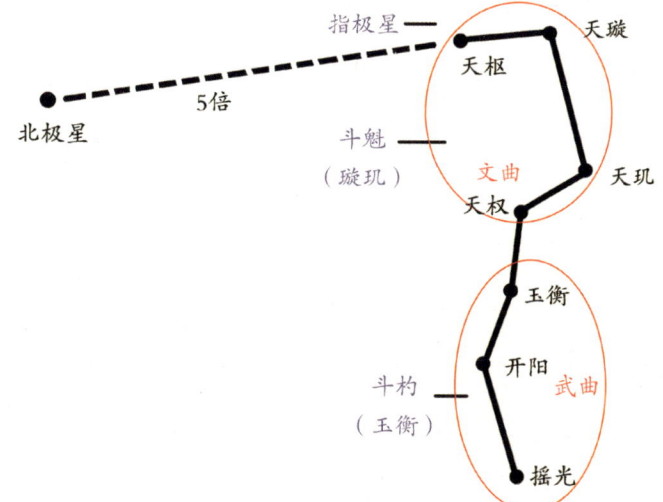

北斗七星

# 第四章　中国古代历法

历法，就是安排年月日的方法。时间的长河静静流淌，既找不到源头，也难以看到末尾。但是，为了记录历史与安排生活，我们又必须确定某一个时间节点的确切位置，历法也因此产生。在中国古代天文学中，历法占有举足轻重的地位，它既是促使这门学科产生的主要目的，也是其不断发展的巨大动力。

## 一、阴阳历

如今，我们在日常生活中所说的某月某日，都是根据世界通用公历计算出的日期。这种历法名叫格里高利历，为罗马教皇格里高利十三世于公元1582年3月所颁布，是一种太阳历。太阳历又称阳历，是以协调回归年为目标的历法，而所谓的"回归年"，指的就是太阳在天球上连续两次通过同一位置的时间间隔。通行公历的最初原型，要追溯到古埃及太阳历。

古埃及人很早就注意到，每当天狼星和太阳一同从地平线上升起时，尼罗河便开始变绿，预示着河水即将泛滥，埃及人便把这个日子作为一年的开始，以两次泛滥的时间间隔定为一年，总共约为365天。接着，他们将全年分成12份，每份30天，剩余的5天作为年终节日。通过这种历法，他们将一年分成了泛滥期

（7—10月）、播种期（11—2月）、收获期（3—6月）三个部分，用来指导不同时节的农业生产。

"罗马人常打胜仗，但他们不知道胜仗是在哪一天打的。"因此，在公元前46年，统治西方世界的罗马元帅儒略·凯撒（Jules César）邀请天文学家索西琴尼对古埃及太阳历进行了改造，规定365日为一年（平年），每4年1闰，闰年为366日，即历年平均为365.25日；在月份上处理为大小月相间，单月31日，双月30日——"不吉利"的二月是处决犯人的月份，因此作为特例减去一天，平年为29日，闰年30日。不久之后凯撒遇刺身亡，他的臣僚们为纪念他为罗马制定新历的功绩，便将凯撒出生的月份（7月）改称为儒略月（July）。后来凯撒的养子奥古斯都大帝继位，为凸显自己的特殊地位，又将儒略历稍作改动，把自己出生的8月改为大月，并冠以自己的名字"August"，将九月以后改成逢单为小月、逢双为大月，在此基础上将每年的二月再次减去一天。至此，通用公历的雏形已基本显现，格里高利十三世时期所做的改动仅仅是将4年1闰改为400年97闰（世纪年要求能被400整除才是闰年）等修补性质的工作。

奥古斯都塑像

我国传统历法——农历，也称作夏历、汉历，也包含着这种太阳历的成分，即人们常说的"二十四气"，又叫"二十四节

气"。因为二十四气从本质上讲，就是将地球围绕太阳运动的近圆形的轨道平均分成24份，每份15度，共360度，每个节气代表轨道上的一个固定位置，所以也是"和太阳相关"的阳历的一种形式。古人利用二十四气，将一年的时间较为均匀地分为24份，可以很好地表征气候的冷暖现象，指导农业活动，对于"以农为本"的古代中国意义非常重大。二十四气的名称根据天文季节、气候物象和农事意义拟定，通俗易懂，让人一看便知。民间有一首《二十四节气歌》，朗朗上口，利于记诵："春雨惊春清谷天，夏满芒夏暑相连。秋处露秋寒霜降，冬雪雪冬小大寒。"

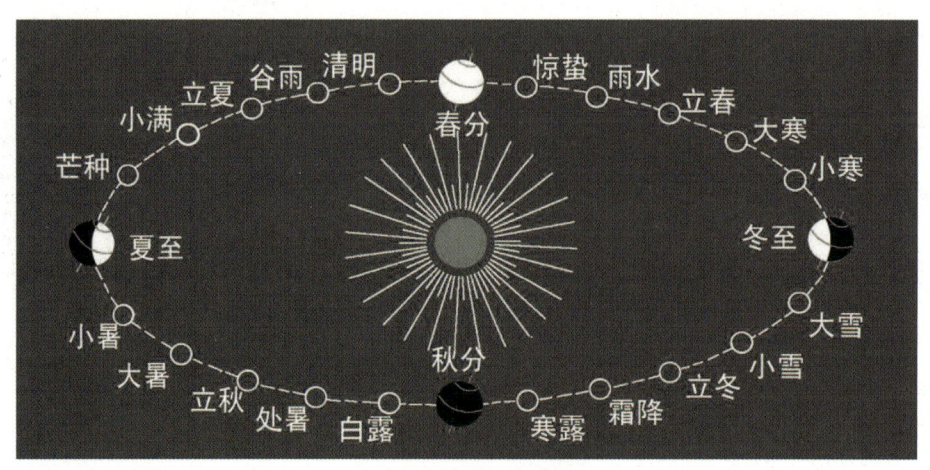

二十四节气示意图

下面对其含义做了一个简要的介绍：

夏至、冬至，表示最为炎热的夏天和寒冷的冬天即将来到。我国的大部分地区最热的月份为公历7月，而夏至为6月22日前后，表示最热的夏天快要到了；最冷的月份为公历1月，冬至为12月23日前后，预示最冷的冬天即将来临，故名"夏至""冬至"。由于夏至日白天最长，冬至日白天最短，因此古人又常称

这两个节气为"日长至（日北至）"和"日短至（日南至）"。

春分、秋分，表示昼夜平分，同时这两个节气也正好处于春季和秋季的中间，将这两个季节平分成两半。

立春、立夏、立秋、立冬为四季的开始。

雨水，表示冬季已过，冰雪融化，空气湿润，绵绵的春雨时常降下。

惊蛰，"蛰"是指动物冬眠，藏起来不吃不动。"惊蛰"便是指春雷阵阵，惊醒了在洞里蛰伏的动物和昆虫。"春雷响，万物长"，惊蛰过后，我国大部分地区便是一派春光融融。

清明，天气温和，草木现青，处处清洁明静。

谷雨，有雨生百谷之意，降水滋润灌溉着农作物，但尚未成熟。

小满，民谚有云"小满三天见麦黄"，意思是说小满过后就要准备收割麦子了，这时家家户户开始准备农具。

芒种，即忙种，此时为农忙时节，为夏播作物的播种时节，也是小麦、大麦等有芒作物成熟时节，可以收割。

小暑、大暑，开始炎热称小暑，最热时称大暑。

处暑，"处"有终止、躲藏之意，表示炎热的天气即将过去。

白露，天气降温较快，夜间温度低，露水凝结得较重，呈现白色的样子。

寒露，气温更低，露水更多，有时结成冻露。

霜降，天气寒冷，白露冻为霜，开始出现白霜。

小雪、大雪，随着冬季的到来，气候逐渐变冷，小雪时节会

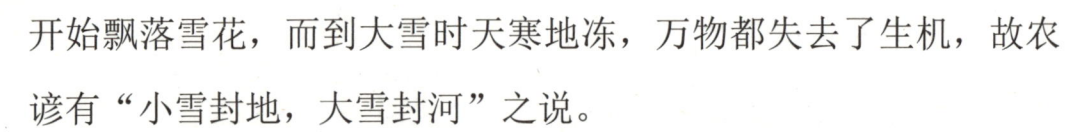

开始飘落雪花,而到大雪时天寒地冻,万物都失去了生机,故农谚有"小雪封地,大雪封河"之说。

小寒、大寒,一年中最寒冷的时候,气温可达最低点,因而民间有俗语说:"大寒小寒,冷成一团。"这两个节气相对于小暑、大暑正好相隔一年。

二十四气又可分为节气和中气两组,节气是节月的起点,中气是节月的中点,如下表所示。

二十四节气

| 节月 | 节气 | 阳历日期 | 中气 | 阳历日期 |
| --- | --- | --- | --- | --- |
| 一月 | 立春 | 2月4、5日左右 | 雨水 | 2月19日左右 |
| 二月 | 惊蛰 | 3月5、6日左右 | 春分 | 3月20、21日左右 |
| 三月 | 清明 | 4月4、5日左右 | 谷雨 | 4月20、21日左右 |
| 四月 | 立夏 | 5月5、6日左右 | 小满 | 5月21、22日左右 |
| 五月 | 芒种 | 6月5、6日左右 | 夏至 | 6月20、21日左右 |
| 六月 | 小暑 | 7月7、8日左右 | 大暑 | 7月23日左右 |
| 七月 | 立秋 | 8月7、8日左右 | 处暑 | 8月23、24日左右 |
| 八月 | 白露 | 9月7、8日左右 | 秋分 | 9月23、24日左右 |
| 九月 | 寒露 | 10月8、9日左右 | 霜降 | 10月23、24日左右 |
| 十月 | 立冬 | 11月7、8日左右 | 小雪 | 11月23、24日左右 |
| 十一月 | 大雪 | 12月7、8日左右 | 冬至 | 12月22日左右 |
| 十二月 | 小寒 | 1月5、6日左右 | 大寒 | 1月20、21日左右 |

从某种意义上来讲,太阳历仅仅算是中国传统历法的"一半儿"。因为,中国传统历法是一种阴阳历,也就是说,它既包含了太阳历的成分,也具有太阴历的内容。

月球周期性的圆缺变化称为月相，其原因是日、地、月三个天体相对位置的变化，如下图所示。当太阳和月球在地球的同一侧，月球被太阳照亮的一面背对着地球，同时月球与太阳在同一方位，同升同落，地面上无法观测到，称为朔。朔之后，由于月球公转运动的角速度更快，被太阳照亮的一面中朝向地球的部分逐渐增大，同时，由于与太阳的方位逐渐拉开，月球落在太阳之后，因此，太阳下落后月球仍可在天空中看到，这样的月相包括新月、峨眉月、上弦月、盈凸月。当月球和太阳分别位于地球的两侧，月球被太阳照亮的一面全部朝向地球，同时月球与太阳此升彼落，一轮明月彻夜可见，称为望。望之后，月球与太阳的方位逐渐靠近，被太阳照亮的一面中朝向地球的部分逐渐减小，此时月球位于太阳之前，在太阳升起前月球可在东边的天空中看到，这样的月相包括亏凸月、下弦月、残月。

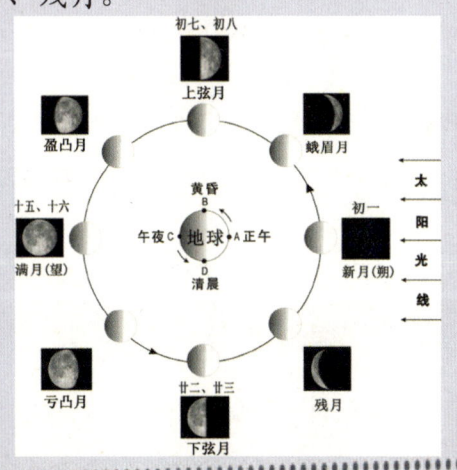

月相

第四章 中国古代历法

"人有悲欢离合，月有阴晴圆缺。"当古人举头仰望明月时，很自然地就会注意到它盈亏的变化，时而圆如银盘，时而又细如眉梢，这种形态的变化也存在着一个固定的周期，叫作"朔望月"。古人根据持久的观察总结出，从本次的满月到下一次的满月，相隔的期间大约为29天半。因此，每月以29天或30天交错安排，经历12个轮回便是一年，共计354天。这种根据月亮形态变化而制定以协调朔望月为目标的历法称为太阴历，其中，"太阴"指的就是月亮。

太阴历将月亮的盈亏与历法的日期固定地联系在一起，使得人们抬眼一望夜空便能够知晓日期，毫无疑问这在上古时代给人们的生活和劳动带来了极大的方便；而太阳历又是指导农业生产必不可少的重要工具，二者各具优点。因此，古人想，能否将太阳历与太阴历合二为一，编制出兼顾回归年与朔望月的阴阳合历呢？

这注定不是一项容易的工作。早在数千年前，古人通过观测圭表正午时分的影子，得到了影子长度变化的周期大约为365天。到了春秋时期，我国天文学家已经将回归年的数值精确到365天，与现代测定值365.242 17天相差不远，这与按照阴历算出的一年354天相差11天还要多。也就是说，按照阴历，每三年就不知不觉地比阳历"丢掉"了一个月！从天文学角度看：年，是地球围绕太阳公转的反映；月，是月亮围绕地球公转的反映，两者并不直接相关，更不会找出一个像斤与两、尺与寸那样简单的倍

数关系。因此，编制阴阳历比单纯的太阳历和太阴历要复杂得多，其关键难点就在于如何设置闰月以协调回归年与朔望月，使之妥当地协调在一起，解决阴历年与物候的对应问题。大约在周朝时，我国古人逐渐发现在 19 年中设置 7 个闰月是较好的办法，其原理我们可做如下分析：

按阳历推算 19 年共有：$19 \times 365.2422 = 6939.6018$ 天

（365.242 2 为实际回归年长度）

按阴历推算 19 年共有：

$(12 \times 19 + 7) \times 29.5306 = 6939.6910$ 天

（29.530 6 为实际朔望月长度）

中国阴阳历与现行公历对照表

|  | 中国阴阳历 | 公历（阳历） |
|---|---|---|
| 岁首 | 立春逢朔 | 冬至以后的第10天 |
| 平年的月数 | 12个月 | 12个月 |
| 平年日数 | 354日 | 365日 |
| 闰年日数 | 383日或384日 | 366日 |
| 置闰方法 | 无中气之月为闰 | 4年一闰，但400年97闰，闰日加在2月末 |
| 月首 | 朔日 | 与朔望无关 |
| 月的日数 | 29日或30日 | 28日、29日、30日、31日 |
| 日首 | 午夜0点 | 午夜0点 |

二者均为 6 939 天，相差不多。南北朝时期的天文学家、数学家祖冲之提出了一种更为精确的置闰法——391 年 144 闰，使得阴历和阳历的差值进一步减小。遗憾的是，根据这种方法制定的历法并未被实际执行。

那么，闰月又当设置在哪里呢？在汉朝以前，我国通常采用"归余于终"的置闰方法，将闰月放在年终，方便易行。但是这种置闰方法，往往是在物候与月份错位十分严重之后才被给予纠正。例如，已经到了秋分节气，北雁南飞，气候已经逐渐变凉，然而此时阴历的月份却仍未得到调整，依然处于理应酷热难耐的六月，二者明显不能相合。因此，自汉朝《太初历》之后，通常的做法便是将十二中气固定地配属于一年中的十二个月，如雨水所在月份为正月，春分所在为二月……以此类推；若该月没有中气则作为闰月，沿用上一个月的名称，只是在前面加一个"闰"字，称为"闰某月"。

时至今日，中国使用的阴阳历更加合理，以两次冬至之间包含 13 个月的年为闰年，闰年中第一个无中气之月为闰月。

## 二、天干与地支

天干、地支是我国古代天文学中一组独特的概念，是我们的祖先发明的计时纪序工具，是构成中国古代历法的基本骨架。天干为甲、乙、丙、丁、戊、己、庚、辛、壬（rén）、癸（guǐ），

地支为子、丑、寅、卯（mǎo）、辰、巳（sì）、午、未、申、酉（yǒu）、戌（xū）、亥（hài）。

传说在上古时期，帝俊的妻子羲和生下了十个太阳，在甘渊这个地方给这些小太阳们洗澡，并给他们分别取名甲、乙、丙、丁、戊、己、庚、辛、壬、癸。后来，这十个太阳轮流值班，其中的一个负责在天空中照耀大地，给人们带来温暖和光明，而其余九个则躲在下面休息，他们每人当值一天，十天（也就是一旬）一个轮回，因此被人们称为"十天干"。后来帝俊的另一位妻子嫦羲生下了十二个小月亮，名字分别叫子、丑、寅、卯、辰、巳、午、未、申、酉、戌、亥。和哥哥们一样，她们也采取了"轮班制"，每个月只派出其中的一个挂在天上，其余也藏在下面不露头，就这样十二个月一轮回，就是人们所说的"十二地支"。天干与地支，简称"干支"，就好像是一棵树的树干和树枝。

天干地支循环表

| 1 甲子 | 2 乙丑 | 3 丙寅 | 4 丁卯 | 5 戊辰 | 6 己巳 | 7 庚午 | 8 辛未 | 9 壬申 | 10 癸酉 |
|---|---|---|---|---|---|---|---|---|---|
| 11 甲戌 | 12 乙亥 | 13 丙子 | 14 丁丑 | 15 戊寅 | 16 己卯 | 17 庚辰 | 18 辛巳 | 19 壬午 | 20 癸未 |
| 21 甲申 | 22 乙酉 | 23 丙戌 | 24 丁亥 | 25 戊子 | 26 己丑 | 27 庚寅 | 28 辛卯 | 29 壬辰 | 30 癸巳 |
| 31 甲午 | 32 乙未 | 33 丙申 | 34 丁酉 | 35 戊戌 | 36 己亥 | 37 庚子 | 38 辛丑 | 39 壬寅 | 40 癸卯 |
| 41 甲辰 | 42 乙巳 | 43 丙午 | 44 丁未 | 45 戊申 | 46 己酉 | 47 庚戌 | 48 辛亥 | 49 壬子 | 50 癸丑 |
| 51 甲寅 | 52 乙卯 | 53 丙辰 | 54 丁巳 | 55 戊午 | 56 己未 | 57 庚申 | 58 辛酉 | 59 壬戌 | 60 癸亥 |

## 中国天文浅话

古人对于天干地支各字的理解:
干者犹树之干也。
甲:像草木破土而萌,阳在内而被阴包裹。
乙:草木初生,枝叶柔软屈曲。
丙:炳也,如赫赫太阳,炎炎火光,万物皆炳燃着,见而光明。
丁:草木成长壮实,好比人的成丁。
戊:茂盛也,象征大地草木茂盛繁荣。
己:起也,纪也,万物抑屈而起,有形可纪。
庚:更也,秋收而待来春。
辛:金味辛,物成而后有味。辛者,新也,万物肃然更改,秀实新成。
壬:妊也,阳气潜伏地中,万物怀妊。
癸:揆(kuí)也,万物闭藏,怀妊地下,揆然萌芽。
支者犹树之枝也。
子:孳(zī)也,阳气始萌,孳生于下也。
丑:纽也,寒气自屈曲也。
寅:演也,津也,寒土中屈曲的草木,迎着春阳从地面伸展。
卯:茂也,日照东方,万物滋茂。
辰:震也,伸也,万物震起而生,阳气生发已经过半。
巳:巳也,阳气毕布已矣。
午:忤也,万物丰满长大,阴阳交相愕而忤,阳气充盛,阴气开始萌生。
未:昧也,日中则昃,阳向幽也。
申:伸束以成,万物之体皆成也。
酉:就也,万物成熟。
戌:灭也,万物灭尽。
亥:核也,万物收藏,皆坚核也。

在中国古代历法中，一个天干与一个地支按照顺序搭配，其中天干在前地支在后，总共形成60个组合，从甲子开始，以癸亥结束，称为"六十花甲子"。因此，我们可以把它们和序数1～60对应起来，周而复始，循环地表示日期，用于历法中的纪年、纪月、纪日、纪时。

在我国古代纪年法中，与干支纪年并行的是帝王纪年法和年号纪年法。从商周时期，古人开始采用当时统治者的在位年数来纪年，例如中国最早的编年史《春秋》的起始年份就为"鲁隐公元年"，即公元前722年。秦始皇统一天下之后，仍然沿用帝王纪年法，直到公元前116年西汉孝武皇帝在位时，才首次正式使用年号纪年，将当年命为"元鼎元年"。自此以后，每个皇帝都会在即位时向天下颁布自己的新年号，以表示新的继承者执掌最高权力，万象更新。但是，即使最高权力并没有更迭，同一个统治者通常也会根据需要，在自己执政期间数次更改年号。更有甚者，如中国历史上唯一的女皇帝武则天，恣意妄为，在位20年中先后使用过18个年号，甚至多次在一年之中换用两个年号，造成了极大的混乱。自明太祖朱元璋之后，明清两代帝王坚持只用一个年号，中间并不做更改（期间唯一的例外是明英宗，在土木堡之战中兵败被瓦剌俘虏因而失去帝位，回国后又发动政变再次夺回帝位，因此曾两次登基为帝，使用两个年号），以至于人们常常用年号来代指皇帝本人。说起清圣祖、清高宗可能很多人都不熟悉，但一提康熙、乾隆则几乎人尽皆知。康熙皇帝在位61

年，乾隆皇帝在位60年，这祖孙二人在位时间最久，康熙、乾隆两个年号自然也成为中国历史上使用时间最长的两个年号。由此可以看出，帝王纪年法和年号纪年法，二者都与政权的更迭和帝王的统治期限密切相关，具有明显的不连续性，因此在进行较长的时间推算时，就会令人感到非常的不便。

与之相比，干支纪年则体现出了明显的优越性，它以60年为一轮回，往复循环，连续无尽。因此，东汉章帝元和二年（85年），朝廷下令开始在全国推行干支纪年，以当年为乙酉年，从此干支纪年才固定下来，并一直延续至今，从未发生过间断和错乱，排列有序，历历可查。中国历史上的重大事件，如近代发生的中日甲午战争（1894年）、戊戌变法（1898年）、庚子赔款（1900年）、辛亥革命（1911年）等，都是根据事件发生当年的干支来命名的。

随着时间的推移，甲乙丙丁、子午卯酉等天干地支名称的原始含义，已经让古人感到稍微有些陌生，记忆起来十分不便。因此，在纪年时，人们便选用了鼠、牛、虎、兔、龙、蛇、马、羊、猴、鸡、狗、猪十二种动物来替代十二地支，并且于二者间建立了一一对应的固定关系，即所谓的"子鼠、丑牛、寅虎、卯兔、辰龙、巳蛇、午马、未羊、申猴、酉鸡、戌狗、亥猪"，这十二种动物就被称作十二生肖，又叫十二属相。由于十二生肖中的动物大多为古人常见，即使是想象的产物——龙作为中华民族的图腾，也是随处可见，人们对此毫无隔膜，因此，十二生肖很快便流行起来。时至今日，每当年高的长辈询问年龄时，通常人们都会直接回答

"属兔的"或"属狗的"等。但是有一点需要注意，干支纪年法与二十四节气密切相关，以立春作为一年的开始，而不是阴历的正月初一，因此我们在确定自己的属相时也应当以立春的时间作为依据。

关于十二生肖排位的由来，民间有一个流传非常广泛的传说。说是玉皇大帝想选出12种动物作为代表，于是他派神仙下凡跟动物们宣布了这件事情，规定各动物在卯年卯月卯日卯时到天宫来竞选，来得越早排得越靠前，后来的排不上。那个时候猫和老鼠还是好朋友，老猫很爱睡懒觉，但他也很想被选上，就叫小老鼠到时候叫他，可是老鼠搭爪就忘，完全忘记了老猫的嘱托。老鼠听说老牛很勤奋，起得很早，跑得也不慢，便请求老牛到时候带他一程，憨厚的老牛爽快地答应了。那个时候的龙是没有犄角的，而鸡是有犄角的。龙就跟鸡说："您已经很漂亮了，用不着犄角锦上添花了，这次比赛，您不如把犄角借我一用。"鸡一听龙的奉承，乐开了花，把犄角借给了龙，约定竞选之后按时归还，龙满口答应。

到了卯年卯月卯日卯时，众动物纷纷赶向天宫，而猫还在睡觉。鼠坐在牛的背上，到达天庭后，猛地向前一跳，第一名！憨厚的老牛只能排在第二了。

## 中国天文浅话

老虎随后赶到，排第三。兔子也到了，排第四。龙来得很晚，但他个儿大，玉皇大帝一眼就看到了他，看他这么漂亮，就让他排第五，还说让他的儿子排第六，遗憾的是龙的儿子那天没来。这时后面的蛇跑来说："我是他的干儿子，我排第六！"马和羊也到了，他俩互相谦让对方：马兄你先，羊兄你先……玉皇大帝看他们这么有礼貌，就让他们分别排在第七、第八。猴子本来排在后面，可是他凭着自己会跳，就拉着天上的云朵跳到了前面，排到了第九。接着鸡、狗、猪也纷纷被选上。竞选结束后猫才醒来，发现时辰已晚，一怒之下满世界地追着老鼠报仇。竞选结束后龙来到大海边，看到有犄角的他比以前漂亮多了，就不想把犄角还给鸡了。为了躲鸡，龙从此消失在人间。受了骗的鸡很是气愤，从此以后天天一大早的起来向着大海喊："快还我！快还我！"

如果说十二生肖是干支纪年衍生的一种"俗称"，那么接下来将要介绍的内容则可以称为是它的一种"雅号"。大诗人屈原创作的千古绝唱《离骚》开篇云："帝高阳之苗裔兮，朕皇考曰伯庸。摄提贞于孟陬（zōu）兮，惟庚寅吾以降。"屈大夫在自报家门介绍了自己引以为豪的高贵血统（黄帝之孙高阳氏的后代、楚国贵族伯庸的儿子）之后，又对自己的生日做了描述："正当摄提格年正月庚寅日那天我降生。"什么叫作"摄提格年"呢？

从某种意义上来说，它不过是地支中"寅"的别号罢了，源于我国古代的一种"太岁纪年法"。

古人根据天文观测发现，木星运行一周的时间为 11.86 年，将近 12 个回归年，在编制历法时，与朔望月协调起来比较容易，因此便称木星为"岁星"用来纪年。但是由于岁星的运动方向与太阳、月亮及整个天球的运行方向相反，人们感到十分不便。后来，古人又假设在地上存在某种东西，其运动方式与岁星一一对应，所不同之处仅仅是方向相反，用它来取代岁星用于纪年。这个假设的东西就叫作"太岁"，这种纪年法就被称为"太岁纪年法"。但是，这种方法纪年误差较大，在先秦时期应用过一段时间后便逐渐遭到淘汰，只有太岁纪年法的名称作为干支别名而一直保留下来。其对应关系如下表所示（关于其中太岁纪年法名称，古书中的写法稍有不同）。

名称对照表

| 天干 | 甲 | 乙 | 丙 | 丁 | 戊 | 己 | 庚 | 辛 | 壬 | 癸 |
|---|---|---|---|---|---|---|---|---|---|---|
| 《尔雅》写法 | 阏逢 | 旃蒙 | 柔兆 | 强圉 | 著雍 | 屠维 | 上章 | 重光 | 玄(元)黓 | 昭阳 |
| 《史记》写法 | 焉逢 | 端蒙 | 游兆 | 强梧 | 徒维 | 祝犁 | 商横 | 昭阳 | 横艾 | 尚章 |

| 地支 | 子 | 丑 | 寅 | 卯 | 辰 | 巳 | 午 | 未 | 申 | 酉 | 戌 | 亥 |
|---|---|---|---|---|---|---|---|---|---|---|---|---|
| 《尔雅》写法 | 困敦 | 赤奋若 | 摄提格 | 单阏 | 执徐 | 大荒落 | 敦牂 | 协洽 | 涒滩 | 作噩 | 阉茂 | 大渊献 |
| 《史记》写法 | 困敦 | 赤奋若 | 摄提格 | 单阏 | 执徐 | 大荒骆/大芒落 | 敦牂 | 叶洽 | 涒滩 | 作鄂 | 淹茂 | 大渊献 |

这种别名佶屈聱（áo）牙，使用起来并不方便，但是有一些古书，如北宋司马光主编的《资治通鉴》等，也会采用这种干支别名，以显得更加正式或者更具古意。

与干支纪年的方法类似，干支纪日也是沿着天干地支表，以

60天为一个周期，循环往复地绕上一圈又一圈。这种纪日方法，从春秋鲁隐公三年（公元前720年）二月己巳日，到清末宣统三年（1911年），持续2 600多年而没有差错。这个超长的连续记录与现行公历进行换算，几乎可以确定出中国历史上所有重大事件的具体发生日期，这在全世界都是绝无仅有的。

在介绍干支纪月时，我们分成两个方面。

先说地支。由于一年共有十二个月，因此十二地支刚好可以与之一一对应，以寅月为正月，然后按顺序依次往下排，二月为卯，三月为辰……十一月为子，十二月为丑。古人为什么要以地支中的老三——寅作为正月呢？这就说来话长了。

中国古代的天文学家们在掌握了天象的变化规律之后，将北斗柄看作一个指针，而将北斗星周围的一圈天空当作表盘，将表盘均匀地划分为12份，冠以十二地支——子、丑、寅、卯、辰、巳、午、未、申、酉、戌、亥的名称。一年十二个月，北斗星轮转一圈，正好对应地指向十二个方位，这就是古人所说的"斗建"。冬至时斗柄指向正北的子位，就将冬至所在的这个月命名为子月；一

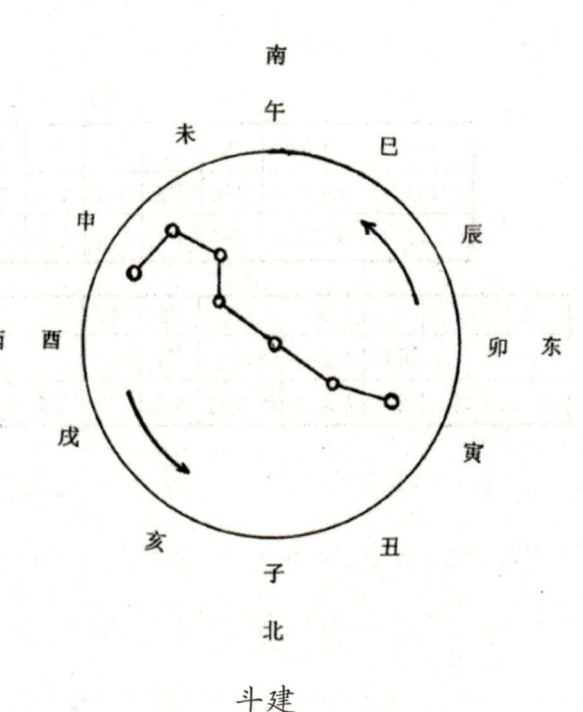

斗建

个月后斗转星移，斗柄指向了北方偏东的丑位，那么这个月就是丑月了……依此类推，一直排到岁终的亥月。

夏朝时，以寅月为一年的第一个月，即岁首，商朝以丑月为岁首，周朝以子月为岁首，秦朝以亥月为岁首，每个朝代各不相同。汉高祖刘邦举兵反秦，于公元前207年斗建亥月时杀入关中，秦王子婴手捧玉玺出降，因此刘邦认为亥月非常吉利，于是在建国之初便承袭秦朝制度，依然把北斗星指向亥位的那个月作为岁首。到了汉武帝时期，朝廷开始组织天文学家编制新的历法，为了使新历更符合气候的变化，更利于农业生产活动，便遵从孔子"行夏之时"，将建寅之月作为岁首。自此之后，历代封建王朝也都延续了这种制度。

再说天干。纪月的天干在分配时，必须首先考虑到当年的天干情况。例如，当年的天干为甲或己，正月的天干就是丙，二月是丁，三月为戊……下图为年天干和月天干的关系示意图，据此稍作了解即可。

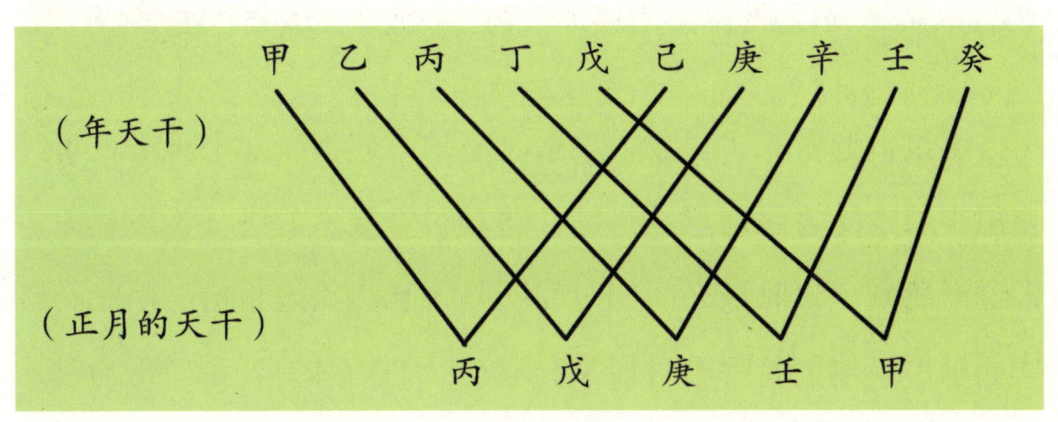

干支纪月图

### 年干支月干支对应表

| 月份／年干支 | 正月 | 二月 | 三月 | 四月 | 五月 | 六月 | 七月 | 八月 | 九月 | 十月 | 十一月 | 十二月 |
|---|---|---|---|---|---|---|---|---|---|---|---|---|
| 甲、己 | 丙寅 | 丁卯 | 戊辰 | 己巳 | 庚午 | 辛未 | 壬申 | 癸酉 | 甲戌 | 乙亥 | 丙子 | 丁丑 |
| 乙、庚 | 戊寅 | 己卯 | 庚辰 | 辛巳 | 壬午 | 癸未 | 甲申 | 乙酉 | 丙戌 | 丁亥 | 戊子 | 己丑 |
| 丙、辛 | 庚寅 | 辛卯 | 壬辰 | 癸巳 | 甲午 | 乙未 | 丙申 | 丁酉 | 戊戌 | 己亥 | 庚子 | 辛丑 |
| 丁、壬 | 壬寅 | 癸卯 | 甲辰 | 乙巳 | 丙午 | 丁未 | 戊申 | 己酉 | 庚戌 | 辛亥 | 壬子 | 癸丑 |
| 戊、癸 | 甲寅 | 乙卯 | 丙辰 | 丁巳 | 戊午 | 己未 | 庚申 | 辛酉 | 壬戌 | 癸亥 | 甲子 | 乙丑 |

至于古代的干支纪时，则与干支纪月方法较为接近。每天分为12份，即十二时辰，与十二地支一一对应。而时天干则与日天干有关，例如当日的天干为甲或己时，子时的天干便是甲，丑时为乙……如下图所示。

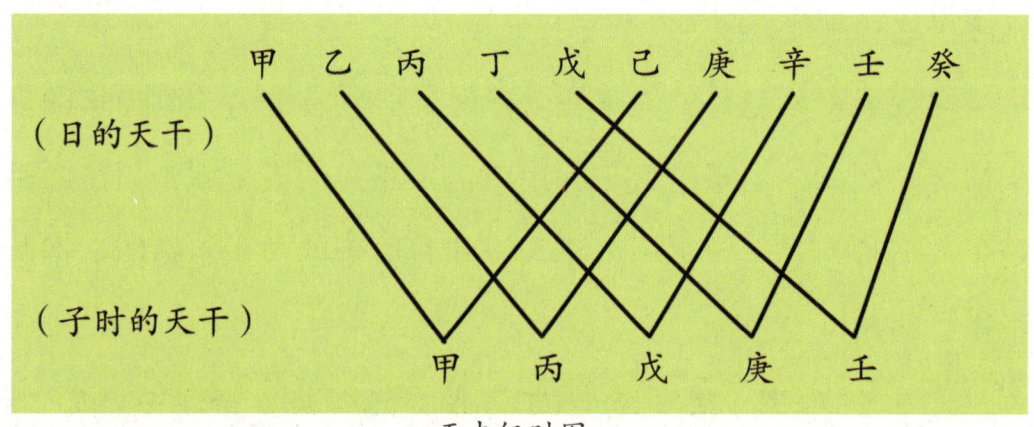

干支纪时图

不过，通常来讲，古人表示时辰的时候很少加上天干，单纯使用十二地支表示就已经足够。随着科学技术的进一步发展，古人逐渐感到十二时辰之间的时间间隔太长，太过粗糙。因此，自唐朝以后，他们将每个时辰又分成初（初始时）、正（正当时）两个部分，这就变成了与现代基本一致的24小时制了。例如子

初为23点，子正为0点，丑初开始于1点，丑正为2点……如下表所示。

十二时辰与24小时制对应表

| 十二时辰 | 子 | 丑 | 寅 | 卯 | 辰 | 巳 | 午 | 未 | 申 | 酉 | 戌 | 亥 |
|---|---|---|---|---|---|---|---|---|---|---|---|---|
| 俗称 | 夜半 | 鸡鸣 | 平旦 | 日出 | 食时 | 隅正 | 日中 | 日昳 | 日晡 | 日入 | 黄昏 | 人定 |
| 现代钟点 | 23—24 | 1—2 | 3—4 | 5—6 | 7—8 | 9—10 | 11—12 | 13—14 | 15—16 | 17—18 | 19—20 | 21—22 |

|   | 子 | 丑 | 寅 | 卯 | 辰 | 巳 | 午 | 未 | 申 | 酉 | 戌 | 亥 |
|---|---|---|---|---|---|---|---|---|---|---|---|---|
| 初 | 23 | 1 | 3 | 5 | 7 | 9 | 11 | 13 | 15 | 17 | 19 | 21 |
| 正 | 24 | 2 | 4 | 6 | 8 | 10 | 12 | 14 | 16 | 18 | 20 | 22 |

人出生时的年、月、日、时4组干支组合在一起，就是所谓的"生辰八字"了。行走江湖的算命先生通常拿这八字与金、木、水、火、土五行等附会在一起，摆出一副神秘的样子来，宣称自己能够预知人的命运，以此来骗取钱财。其实，只要了解足够多的天文历法知识，这些伎俩都是不难揭穿的，只不过本书限于篇幅，不能在此过多介绍罢了。

# 第五章　异常天象

古老的典籍《周易》说："天垂象，见吉凶，圣人则之。"中国古人深信，上天会通过某些异常天象的显现，来向人间传达关于吉凶祸福的信息。因此，他们对于星占极为重视，总是试图通过对种种异常天象的观测来窥探出上天的意志，从而趋利避害，做出"合乎天意"的选择。

## 一、日食

这是一个夏日。一个普通的农家院子，院中一棵桑树，蝉鸣聒噪，黄狗耷拉着耳朵趴在树荫下吐着舌头。这家的主人从屋内出来了，冒着烈日，从离桑树不远的井中汲水。天气实在太热了，平日殷勤备至的黄狗也变得慵懒，见到主人，不过抬起眼皮，礼貌性地摇了两下尾巴而已。他们没有看到，就在此时，天上炽烈的日轮边沿突然出现了一丝黑影。紧接着，黑影开始蔓延，日轮被侵蚀，阳光不再那样刺眼。"比刚才要凉快一些了呢！"汲水的人心里想着，只是并没有抬头。黑影继续蔓延，阳光迅速减少，转瞬之间，日轮只剩下一丝蛾眉似的弧线，阳光此时已经变得凄惨和暗淡，地面顿时阴暗下来。此时，蝉鸣戛然而止，黄狗支起耳朵，起身跑到主人身边。井边那人感到奇怪，放下手中的木桶，向天空中望去，他已经不需用手遮挡阳光。就在此时，日轮最后的一丝弧线也消失了，大地一刹那彻彻底底沦为无边无尽的黑暗！星星出现在天空中，这衬托得当下比夜晚还要漆黑。每天都悬挂在天上的太阳，是人们生活的希望，也是亘古不变的信仰——现在居然消失了！它还会回来吗？这个世界是否永远不能再见光明？黄狗胆怯地紧紧贴在主人的腿下，整个世界陷入了从未有过的寂静。一股阴风（即"日食风"，由日食后地面的冷热不均造成）刮起，人们从之前的燥热转为一种由内而外的寒冷，几乎颤栗起来。

日食

这是一次上古时期的日食事件，被先民刻在了一块甲骨上，成为人类历史上有关日食最早的可靠记录，时间是公元前1217年5月26日，商朝。

日食发生时的景象是惊心动魄的，原始社会的人们对此极为恐慌。他们认为，发生日食的原因是太阳遭到了某种动物的侵犯。于是在通常情况下，日食刚一发生，人们就开始敲锣打鼓，以吓唬侵犯者，从而对太阳进行救护。及至后来，人们又想到，也许导致日食的原因并不那么简单，动物食日是出于天帝的意愿，象征人世将有灾难。因此人们采用各种各样的仪式，乞求上天原谅自己犯下的错误，让太阳重放光辉，不要降下灾祸给人间。

随着社会的发展，日食救护仪式从一种习俗逐渐地演变为隆重的国家礼法的一部分，变得十分繁复和程式化。在日食发生的那一天，天子本人要身着素服，避居正殿，减少御膳，远离音乐并宣布全城戒严；祝史（负责祈祷和诅咒的官员）在祭祀土地之神的地方（古人称为"社"）系上红色的丝带，一边擂鼓一边对土地之神的失职严加谴责；掌管天象观测的太史令登上灵台，在日食开始的时刻大力擂鼓；所有的侍卫之臣头戴红巾、身佩宝剑立于朝廷之中；负责保卫宫城的各色武官迅速骑上快马，围绕着皇宫的城墙奔驰一圈又一圈。

为什么古人对日食的出现如此关切呢？这依然要归因于中国古代"天人合一"的思想观念。在古人心目中，太阳是光明世界的主宰，它毫无征兆地从天上消失了，这便象征着人间的君王将要遭受灾难。就像西汉大儒董仲舒所说："由孔子修订的《春秋》中记载的前代历史可以看出，天道与人事密切相关，令人不得不敬畏（《春秋》共记载242年的历史，其间发生36次日食事件，也恰好有36位君主被臣下刺杀）。若是国家无道以至于面临灭亡的危险，上天就会显示出各种各样的异常来警告君王。君王此时应当反躬自责，痛改前非，否则就要面临灭顶之灾了！"因此每逢日食，封建社会的皇帝都要颁布《罪己诏》，不仅大赦天下，释放犯人，还要鼓励臣下上书直言，纠正自己的错误。

公元前178年发生过一次日食，当时的统治者——中国历史上有名的贤君汉文帝就为此下诏说："朕听说，上天为了抚养、

管理百姓而设置了君王，当君主不遵德行、政令不均时，上天就会显示出异常天象来警告他。现在发生了日食，就是上天在谴责我啊，这是多么大的灾祸！现在身为天下之主，渺小的我比全天下的人地位都要崇高，天下能否繁荣稳定都取决于我是否贤德；而你们这些执政的大臣就是我的左膀右臂，一定要好好地辅佐我啊！由于我没有尽到安抚百姓的责任，以至于太阳的光明都受到了影响，我的过失太大了！现在我下令：各位大臣要好好思索一番，指出我的过错以及做得不完善的地方，请求你们尽快告诉我；还有，要求各地都要举荐贤良、正直、敢于直言进谏的人才，让他们来帮助我改正错误。"汉朝举荐贤良方正之士的人才制度——察举制从此时开始建立。

事实上，在古代，所有国家的人对于日食都是极为恐惧的，例如在1560年8月21日的那次日食将要发生的时候，很多欧洲人认为国家将会发生政变，记载在《圣经》中的那次大洪水将要重新淹没世界，天上将会降下大火，空气中将会弥漫各种各样严重的瘟疫。在日食临近的时候，无数的人认为自己死期将近，纷纷前往教堂进行忏悔，希望能够获得上帝的宽恕。一位乡村教堂的牧师由于实在难以应付，不得不登上讲台，安慰吓破胆的群众说："各位不要着急，因为悔罪的人太多，日食将会延迟两个星期举行。"

地球和月球是两个不发光、不透明的固态天体，每逢朔日，月亮经过地球和太阳之间，产生一块椭圆形的黑影，在黑影扫过的地方，人们就会观测到太阳被遮蔽了一会儿，即此地有日食发生。如果月亮此时正好和我们相当接近，以至于它的样子看起来比太阳还要更大的话，那么此次发生的便是日全食；如果月亮的运行轨道离我们很远，月轮盖不满日轮，这时我们观测到的便是日环食；如果月轮和日轮的圆心不重合，月亮只遮盖了太阳的一部分，这种现象就是日偏食。也就是说，日食的发生与日月运行的规律相关，仅仅是一种正常的天文现象而已，与人间君王的政治得失并无直接联系。随着科学技术的进步，我国古代的天文学家也认识到这一点，并逐渐摸索出日食、月食发生的周期，甚至以日食预报的准确与否为标准来检验历法的优劣。

日全食　　　　　　日偏食　　　　　　日环食

既然日食的奥秘已经被天文学家破解，是否就可以将日食救护的那些繁文缛（rù）节一概抛弃了呢？中国古代的知识分子们斩钉截铁地回答：不可以！在古代中国，帝王的权势至高无上，没有任何人能够干预。在这种情况下，唯一让他们感到些许恐惧的，只有明明在上的苍天了，就像《诗经》中所说："胡不相畏，不畏于天？"因此，中国古代的知识分子就借着令人恐惧的日食

现象，对封建皇帝施加舆论压力，坚持主张日食等异常天象的发生是皇帝德行有缺、政治有失造成的，从而使皇权受到些许的限制，不至于为所欲为。在北宋神宗时期，曾有朝臣上书公开宣称灾异出现与政治得失并无干系，劝皇帝取消日食救护的种种仪式。宰相富弼闻知此事，叹息道："君主所畏惧的只有上天，如果连上天都毫不畏惧，那还有什么不敢做的？这个奸臣想用他的歪理邪说来蛊惑皇上，使得辅佐的大臣不能再借着异常天象来进谏、规劝。这是决定国家安定与否的重大问题，我一定要赶紧出来挽救！"随即，富弼挥笔写下数千字的奏疏，极力劝诫宋神宗一定要坚守日食救护的传统，切切不可改易。

日食原理图

与日食相比，古人对于月食的发生则并未给予过多关注，就像《诗经》中所说："彼月而食，则维其常。"他们认为月食不过是一种普通的天文现象，每隔18年11天差不多重演一次，不具有更多的星占意义。这在很大程度上是因为进行月食的推算和预报要比日食容易得多，因而月食的神秘性大打折扣。对于月食，天文学家只需推算出对于所有观测者都相同的一般情况就足够，但对于日食，其情况随地区的不同而有很大的变化，预判起来十分困难。

第五章 异常天象

## 二、五星会聚

　　1995年10月，一支由中国和日本科学家组成的考古队在新疆和田地区尼雅遗址的一处古墓中，发现一块保存完好的汉代蜀地织锦护臂。这块织锦色彩绚烂、纹样诡秘，在图案的边缘部分可以清晰地认出八个汉隶文字："五星出东方利中国。"这不禁使人浮想联翩，从丝绸之路的漫漫黄沙中，拂去历史厚厚的那一层尘埃，穿越至秦末汉初，那个属于英雄的年代。那时，沛公刘邦与鲁公项羽两位反秦义军首领，奉楚怀王之命向西分道攻打秦国。沛公为宽厚长者，严令部下大军过境时不得掳掠人民，备受百姓拥护；再加上神机妙算的谋士张良的辅佐，因此很快便大破秦军，率先攻入关中，屯兵灞（bà）上，逼近秦国都城咸阳。秦王子婴闻之大惧，带着皇帝的玉玺和符节赶来归降。不久之后，夜空中就出现了"五星出东方"的神秘天象，此时人们纷纷议论："沛公入秦，五星相聚在东方，这是沛公即将登上帝位、一统天下的征兆啊！"

汉代蜀地织锦护臂

　　五星，又称作"五纬"或"五步"，指肉眼可见的水、金、火、木、土五大行星。

　　水星，古称"辰星"，为天空中最靠近太阳的一颗行星，因

太阳系八大行星

而光芒常常为太阳所掩盖，只有在太阳初升之前和落山之后的短短一段时间内才能够被肉眼看到。

金星，古称"太白"，是整个夜空中最亮的星，比夜空中最亮的恒星天狼星要亮14倍。和水星类似，金星也只有在黎明和傍晚时才能够被我们观测到，因此还产生两个别名：每当在黎明时分金星出现时，这就意味着即将日出，金星就是太阳的先锋官，因此称为"启明星"；而到了黄昏时分，太阳已经落山，而金星却格外地亮了起来，好像要接续太阳照亮大地似的，所以又得了"长庚星"的雅号。《诗经·小雅》中有一句说："东有启明，西有长庚。"实际上，东边的启明星和西边的长庚星是同一颗星星——金星。

火星，古称"荧惑"，无论是从其外观还是寓意来讲，都十分不凡，堪称中国历史舞台上"戏份最足"的一颗行星。下一节我们将对其做更为详细的介绍。

木星，古称"岁星"，它曾在中国古代历法中扮演过重量级的角色，我们在这里不再过多叙述。

土星，古称"填（zhèn）星"，又作"镇星"，为五大行星中轨道最靠外的，因此运行周期也最长，为29.5年。

当五大行星聚集排列在天空中同一片区域时，便形成了中国古代星占学中最为吉利的天象——"五星会聚"。五星会聚，又称"五星连珠"，在古人心目中，当这种祥瑞出现时，通常意味着有德行的贤明君主取得天下，获得上天无限的福报和保佑。但是"五星会聚"发生的概率极低，平均每千年尚且不足26次，极为罕见。由于这种天象的罕见及其背后极为重大的星占意义，中国历朝历代的史家对此都极为关注，因而每一次出现都有详尽的记录。我们根据历代正史典籍中的记载，可以统计出自汉朝至清末约两千年间所有"五星会聚"天象的记录，具体如下表所示。

"五星会聚"的记录

| 公元 | 文献所记发生之日期 | 叙述 |
| --- | --- | --- |
| 750 | 唐玄宗天宝九载八月 | 五星聚于尾、箕 |
| 768 | 唐代宗大历三年七月壬申 | 五星聚于东井【方】 |
| 967 | 宋太祖乾德五年三月丙辰 | 五星如连珠，聚于奎、娄之次 |
| 1007 | 宋真宗景德四年六月丁未 | 五星聚而伏于鹑火 |
| 1186 | 宋孝宗淳熙十三年八月乙亥 | 七曜俱聚于轸 |
| 1524 | 明神宗嘉靖三年正月壬午 | 五星聚于营室 |
| 1624 | 明熹宗天启四年七月丙寅 | 五星聚于张 |
| 1662 | 清圣祖康熙元年十一月辛未朔 | 五星聚于析木，土、金、水聚于心 |

续前表

| 公元 | 文献所记发生之日期 | 叙述 |
|---|---|---|
| 1725 | 清世宗雍正三年二月庚午 | 日月合璧，五星连珠 |
| 1761 | 清高宗乾隆二十六年正月辛丑朔 | 日月合璧，五星连珠 |
| 1799 | 清仁宗嘉庆四年四月己丑朔 | 日月合璧，五星连珠 |
| 1821 | 清宣宗道光元年四月辛巳朔 | 日月合璧，五星连珠 |
| 1861 | 清文宗咸丰十一年八月丁巳朔 | 日月合璧，五星连珠 |

然而，根据现代多位天文学家的研究和推算，史籍中关于五星连珠天象的以上13次记载几乎无一属实！这些记录，要么纯属子虚乌有，五星在当时完全不可能出现于同一区域；要么牵强附会，五星之中仅有四星或三星汇聚，另外一两颗星与之距离相距很远，有的甚至已经达到64°之遥！中国古代的天文记录绝大多数都是客观、准确的，是天文学研究领域的一笔宝贵财富，一直为全世界的天文学研究者所称誉，为何会在五星连珠相关的记录上犯下了这么大的错误？

中国古代的天文学，事实上一直处于封建皇权的重压之下，没有一丝喘息的机会。每当皇帝需要人来歌功颂德，向天下万民证明自己是真命天子时，他只需向宫廷中的天文官传递一个微小的暗示，天文官可能就不得不在第二天的朝堂中呈上一道表奏："启禀圣上，臣近来夜观天象，见五星会聚，实乃大吉大利之兆！这一定是您的贤德与圣明上达于天，受到了上天的福佑，因此才显现出这种千载难逢的异常天象！"这样一来的结果，必然是天

文官"升职加薪"，皇帝龙颜大悦，说不定还会降下"大赦天下，百官加爵一等"的"隆恩"，就这样上下相蒙，皆大欢喜，到处洋溢着祥和快乐的气氛……因此，虚假的五星会聚频繁出现，不但不是"祥瑞"，恰恰相反，甚至可以说是一种"凶兆"，它反映出那个时代皇权的威赫、臣子的懦弱与科学的受压制。

清朝雍正二年，钦天监的天文官向皇帝报告，不仅发生了五星连珠，还伴随着奇特的日月合璧现象，是千载难逢的祥瑞。雍正皇帝在窃喜的同时，还不忘摆出一副"谦虚"的样子，说自己的德行并不足以招致这样吉利的天象，这应当归功于自己的父亲康熙皇帝多年勤政爱民，将福泽留给了自己。然而真实情况又是如何呢？在所谓的"五星会聚"发生的那天，实际发生的天象为"四星会聚"，水、金、火、木的确相聚很近，但土星却远在40°之外。按照当时人们的普遍看法，四星会聚是帝王不修德行而导致的大凶之兆，就如《史记·天官书》中所说："四星合，兵丧并起，君子忧，小人流。"试想，如果钦天监的天文官员胆敢向雍正皇帝说出实情，他那颗项上人头是否还保得住呢？

与此截然相反的是，对于那些已经失势并且遭到主流舆论贬低的掌权者，即使真的有"五星会聚"的祥瑞显现，也会被后人一概抹杀，在史书上找不到任何痕迹。根据我国台湾学者黄一农先生的研究，自汉朝以来曾发生的最壮观、最容易观测的两次"五星会聚"天象，正好都发生在女主当政的时期：一次为公元前185年，汉高祖刘邦的皇后吕雉（zhì）临朝称制，并在第二年

杀少帝刘恭改立刘弘；另一次则为公元710年，韦皇后毒杀唐中宗李显，意图仿效武则天临朝摄政，为随后登基称帝做好铺垫。如果史官将这两次"五星连珠"天象记录下来，那是不是就在公然地宣称这两位女主才是上天指定的贤德君王，她们的所作所为都是上天的旨意？这在男权统治的中国古代，要让史官如何落笔呢！

吕雉，即吕后，西汉开国皇帝汉高祖刘邦的皇后，是中国历史上有记载的第一位皇后和皇太后。早年下嫁刘邦，随丈夫征战天下，历尽千辛万苦。刘邦称帝后，被立为皇后。曾同相国萧何密谋，诱杀淮阴侯韩信。运用张良的计谋，使刘盈稳固了太子之位，顺利地在刘邦死后登基为帝。惠帝死后，吕雉立少帝刘恭，自己临朝称制，大权独揽，尊荣无限。在政治上，实行黄老之术，与民休息，为其后的"文景之治"打下了基础。但其为人残忍，曾恶毒迫害刘邦曾宠幸的戚夫人，杀害多位皇子、大臣。

韦皇后，唐中宗李显的第二位皇后，曾于中宗被废期间苦心扶持，不离不弃，中宗深为感激。武则天去世后，李显再次为帝，对韦皇后极为纵容。韦氏为所欲为，勾结武三思等奸臣专擅朝政，形成一个以韦氏为首的武、韦专政集团。后来韦氏毒杀唐中宗，立温王李重茂为帝，临朝称制。不久，李隆基发动政变，拥戴其父李旦为帝。韦氏被杀于宫中，并被追贬为庶人。

第五章 异常天象

## 三、荧惑守心

火星，古称"荧惑"，本义有眩惑、迷惑的意思，这是由于它荧荧似火，行踪捉摸不定。这是一颗令古人感到畏惧的行星，占星家称之为"罚星"或"孛（bèi）乱"，常与叛乱、兵灾、瘟疫、死亡、饥馑等凶恶预兆联系在一起。此外，古人认为荧惑星与君主的命运尤为息息相关，因此对其运行状态极为关切，正如司马迁在《史记·天官书》中所说："荧惑为孛，外则理兵，内则理政。故曰'虽有明天子，必视荧惑所在'。"

心宿为古代二十八宿之一，属东方苍龙，共三星，其中央的亮星即为大火，常用来代表天王（即皇帝），前后两星则分指太子（嫡子）和庶子。

在太阳系中，五大行星和地球几乎处在同一平面上，围绕着太阳自西向东各自做着速度不同的运动。由于彼此间速度不一致，因此常常会发生前后超越的现象。我们站在地球上望去，每当地球超越行星或行星超越地球的时候，就会出现行星不动（留守）甚至倒退（逆行）的现象。如下图所示，地球与荧惑都在围绕太阳运动，假设地球运行四个月的运动点是A、B、

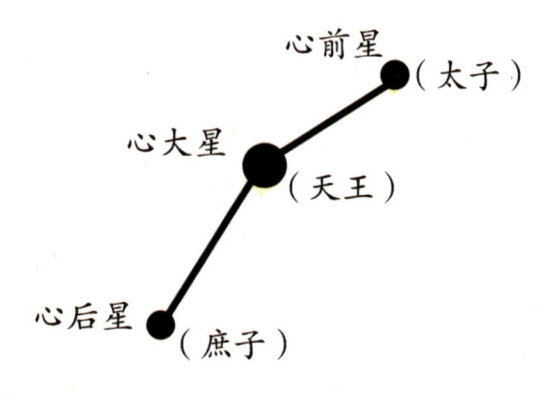

心宿示意图

C、D，荧惑运动同月之点为 A′、B′、C′、D′，这样从地球上望去，则火星运动四个月在天球上的投影为 A″、B″、C″、D″ 四点，而 A″ 与 B″ 两点重合，在我们看来，这一个月来火星就一直没有发生移动，始终停留在原地——这就叫作留守。从 B″ 到 C″，火星逐步向后退去，叫作逆行。从 C″ 到 D″ 火星运行方

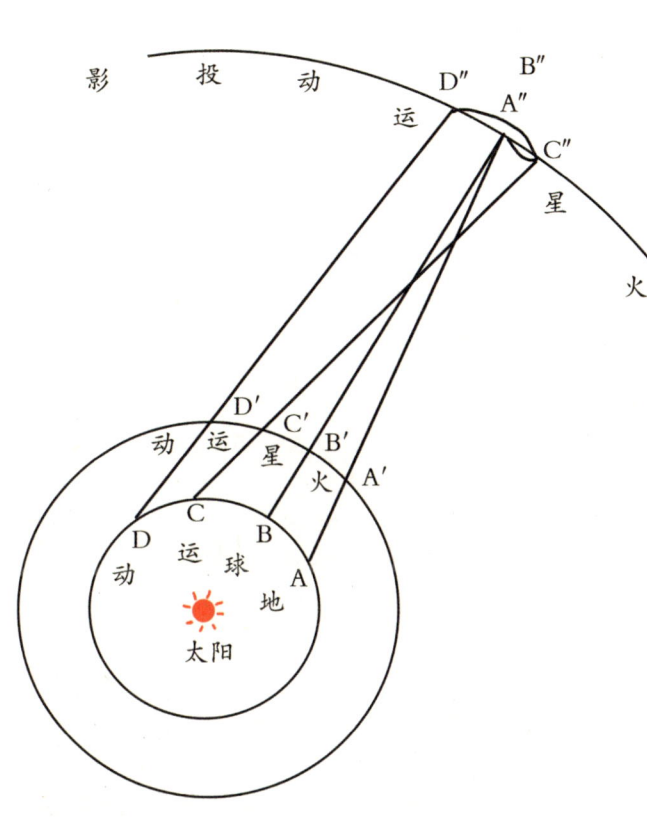

火星留守、逆行、顺行示意图

向恢复正常，继续向前进，则为顺行。假若荧惑正好留守在天球上的心宿一段时间，那便形成了中国星占学上最为著名的大凶之象——荧惑守心。古代星占家认为，荧惑守心的出现，是与统治者性命攸关的极严重的凶兆，通常具有天子驾崩的星占意义，除此之外，还预示着可能会发生诸侯谋反、将军叛乱、大臣发难等足以颠覆统治的重大事变。因此，毫无疑问，荧惑守心是中国历代统治者最为恐惧的异常天象。

史料中关于荧惑守心的最早记载是在春秋战国年间宋景公在位时期。宋景公得知凶兆后，感到十分忧郁。天文官子韦向他建

## 中国天文浅话

　　三国时期，孙权为夺回荆州，命吕蒙等人趁荆州守将关羽北上伐曹时偷袭。关羽因此大败，被吴将擒杀。刘备为复仇雪耻，倾尽全力顺江而下，东伐孙权，但后来在夷陵之战中败于陆逊，几乎全军覆没。蜀汉将领黄权被截留，既不能回蜀，又不愿投降敌军，于是率兵北上投降于魏国。魏文帝曹丕对其非常器重。曹丕死后，魏明帝曹睿继位。有一天，曹睿问黄权："如今天下三分，各国都宣称自己是正统，争论不休。依你来看，到底哪个是正统呢？"黄权说："这个不是空口就可以断定的，必须要看天象才能知道。之前发生了一次荧惑守心的异常天象，结果文皇帝（指曹丕）就驾崩了，而吴国和蜀国的两个君主却都安然无恙。由此看出，魏国的皇帝才是真正的天子。"在这里，黄权是将荧惑守心的星占意义进行了一次"反向推理"，用这种天象来判断和验证皇朝正统。

议说："君主的灾祸是可以转嫁到宰相头上的，您不妨一试。"宋景公说："不可以，宰相可是辅佐我治理国家的股肱之臣啊！"子韦又说："您可以通过祷告驱禳（ráng）的办法，把这次的灾祸转移给黎民百姓。"宋景公说："那就更不可以了！君主就是帮助百姓的，百姓都没了，我还做谁的国君？"子韦又说："可以转成今年年成不好。"景公说："年成不好，必有饥荒，人民会挨饿。为了自己的性命而坑害百姓，这算什么君王？看来这是我的天命，注定将走到尽头了，您不必再说了。"子韦听了宋景公的回答，对宋景公的仁德极为敬佩，于是跪倒在地，深深地拜了两次，说道："上天虽离我们那么高、那么远，却可以听得到我们每一个人说的每一句话。您的三次回答充分表现了您作为一个君主的爱民之心，一定会收到上天的福报的。我预测，上天会因为您的这一番话而将荧惑从心宿中移开。"果然，到了晚上再次观测时，荧惑已经离开心宿很远了。

宋景公是明智的，他没有因为荧惑守心带来的死亡恐惧而想尽办法嫁祸他人，而是坚定地保持着一颗仁德之心。与此形成鲜明对比的，则是西汉后期的汉成帝刘骜（ào）。当时，朝廷的天文官也向皇帝报告，有荧惑守心的灾异发生。汉成帝听说后极为惶恐，他知道，这意味着国家政令出现了重大过失，上天很快将会降下责罚。但是，他不但没有反躬自省、下诏罪己，力图改变当前混乱的政治局面，反而千方百计地推卸责任，妄图把灾祸转移至当时的丞相翟（zhái）方进的身上。汉成帝刘骜秘密地将翟方进召进宫中，给他降下一道措辞极为严厉的圣旨："您担任丞相已经有十年了，这十年中，灾害频发，百姓饥馑，瘟疫流行，上天降下了各种灾祸。以此看来，您并没有尽心尽力地辅佐我治理天下、安顿黎民百姓；而我的所作所为，却自始至终都是这样，并没有什么改变。可见这次的荧惑守心，当是您身为宰相却不称其职，触怒上天造成的。我感到很奇怪，您怎么可以这样的悠游

自在、毫无为国尽忠之心？您将凭什么再做臣下的表率？您这样不称职，还想要继续处于显赫尊荣的职位，这不是很困难的吗？朕已然知道改过，那么您这个身为辅佐皇帝的丞相，就应当担负起这次灾异的主要责任。朕现在让尚书令赐给您十石酒、一只牛，您自己看着办吧！"接到诏书，尤其是收到具有强烈暗示意义的牛、酒之后，翟方进彻底明白了皇帝的用意，无可奈何，当日即自杀谢罪。

没想到，翟方进的自杀，并没有达到转移灾异的目的，正当壮年、平日并无疾病的汉成帝在不久之后突然暴崩，死因也成为一个谜团。

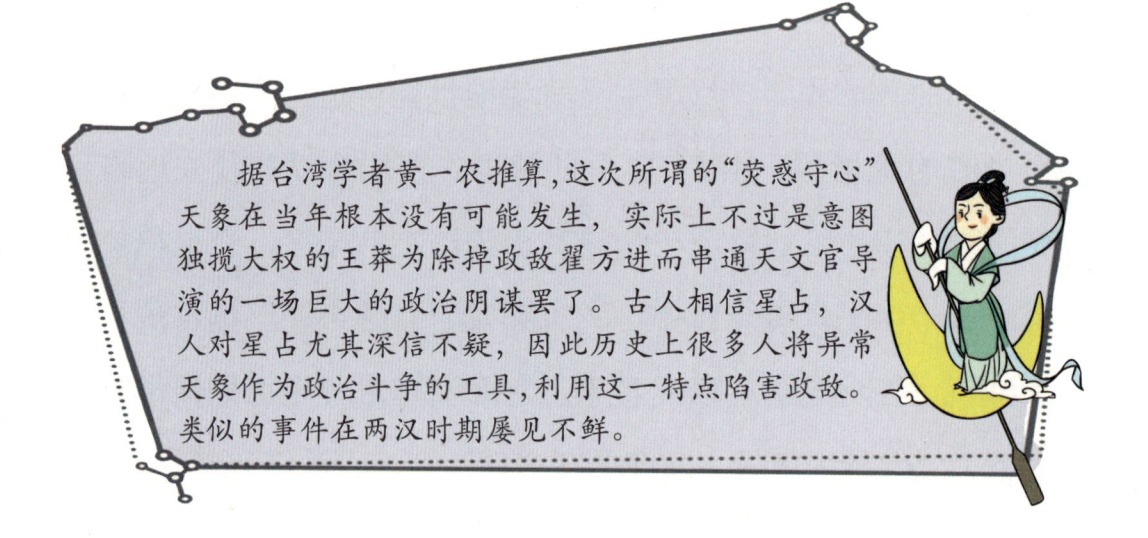

据台湾学者黄一农推算，这次所谓的"荧惑守心"天象在当年根本没有可能发生，实际上不过是意图独揽大权的王莽为除掉政敌翟方进而串通天文官导演的一场巨大的政治阴谋罢了。古人相信星占，汉人对星占尤其深信不疑，因此历史上很多人将异常天象作为政治斗争的工具，利用这一特点陷害政敌。类似的事件在两汉时期屡见不鲜。

## 四、流星与彗星

夜半时分，天清气杀，秋风萧瑟，云旗飘动，铁骑绝尘。在整齐严肃的汉家军营中，一颗夺目的流星划落，点亮夜空。这就是蜀汉丞相诸葛亮去世时的情景。事情发生在蜀汉后主建兴十二年（234年），诸葛亮率兵伐魏，屯兵于函谷关西的五丈原，与魏军相持于渭水两岸一百余天。是年八月，诸葛亮病死军中。一代名相，壮志未酬，令后人叹息不已。

流星，又称陨星，指运行在行星际空间的流星体（通常包括宇宙尘粒和固体块等空间物质）在接近地球时由于受到地球引力而进入地球大气层，并与大气摩擦燃烧所产生的光迹。

流星

除了零星的"散兵游勇"之外，还有一些流星加入了有规模、有组织的"正规军"，具有明显的规律性，通常在固定的日期、同样的天区范围内出现，当它们冲入地球大气时，就会形成十分美丽壮观的流星雨。此时，成千上万的流星宛如节日礼花般从天空中某一点迸发出来，绚丽夺目，震撼人心。

中国古代关于流星雨的记录，大约有180次之多。这些记录，对于研究流星群轨道的演变具有重要的参考价值。对流星雨的发现和记载，中国是最早的，古老的史书《竹书纪年》中就有"夏

中国天文浅话

帝癸十五年，夜中星陨如雨"的记载。最详细的流星雨记录见于《左传》："鲁庄公七年夏四月辛卯夜，恒星不见，夜中星陨如雨。"鲁庄公七年是公元前687年，这是世界上对天琴座流星雨的最早记录。

流星雨

和其他许多异常天象一样，陨星在中国古代天文星占上也具

沈括的科技笔记《梦溪笔谈》记载了一次发生在北宋英宗治平元年（1064年）常州地区陨星坠落的生动情景：日落时，天上发出如雷的巨大声音，一颗几乎像月亮那么亮的星出现在东南方；不多时又有一声震响，移向西南方；接着又一声巨响，坠落到宜兴县民许氏的园中。远近的人都亲眼目睹，熊熊火光照亮天空，许家的篱笆全被大火烧毁。到火熄灭时，看见地下有一个像杯子一样大的孔洞，极深。往下看，只见那星在深洞中亮光闪闪，很久才慢慢黯淡下来，但是还在发热不能接近。又过了很久，挖开那个洞，有三尺多深，得到一块圆形石头，仍有热度，拳头大小，一头稍微有点尖，颜色像铁一样，重量也和铁差不多。常州太守郑伸得到那石头，送给了润州的金山寺，至今用盒子收藏起来，有游人来就打开盒子让他们观赏。

有某种特殊的寓意，多数情况意味着某位重要人物的死亡。例如在秦始皇三十六年，也就是他去世的前一年，有一颗陨石坠落于东郡，当时的百姓由于不堪忍受他的残酷压迫，偷偷地在石头上面刻下"始皇死而地分"六个大字，好像流星传达上天的旨意一样，煽动人们推翻秦朝的暴虐统治。秦始皇知道这件事后极为恼怒，命人严查刻石者究竟为何人，但没有找到刻石者，残暴的始皇帝下令将陨石坠落地附近居住的所有百姓尽行诛戮，不留一个活口。细想起来，如果陨星便意味着地上大人物的死亡，那么，古往今来去世的大人物那么多，而天上的星星与之相比却显得数量实在有限，到将来某一天，天上的星星岂不是要掉光，璀璨的夜空岂不是会变成一片漆黑？

彗星是太阳系中一类独特的行星，由水蒸气及星际尘埃组成，分为彗头和彗尾两个部分，经常拖着长长的彗尾绕着太阳旋转。古人通常根据它们不同的形态而分别命名：彗尾长且直的称为"彗星"；彗尾稍短略有弯曲的称为"孛星"或"拂星"；总体外观呈钩状的称为"蚩尤旗"；有好几条彗尾的称为"五残"或"昭明"……

彗星

无论其形态、名称如何，古人都比较一致地认为，彗星的出现是一种不吉利的天象。彗，就是"扫把"的意思，民间常常称

中国天文浅话

某个"带来霉运"的人为"扫把星"。唐代天文学家李淳风的星占著作《乙巳占》曾有过这样一段论述："长星（即彗星），……皆逆乱凶孛之气。状虽异，为殃一也。为兵、丧，除旧布新之象。……凡彗孛见，亦为大臣谋反，以家坐罪，破军流血，死人如麻，哭泣之声遍天下。臣弑君，子杀父，妻害夫，小凌长，众暴寡，百姓不安，干戈并兴，四夷来侵。"总而言之，古人对于彗星的突然光顾，是存在着一种根深蒂固的敬畏之心的。

战国时期的彗星帛画

但是，古人面对异常天象，于敬畏中常常也会有着非常理性的认识。例如在春秋时期鲁昭公二十六年（公元前516年），齐国的天文官观测到彗星，国君齐景公对于彗星的"光顾"忧心忡忡，因此决定让祝史（负责向神明祷告和诅咒的官员）祈祷上天，不要给自己降下灾祸。这时国相晏平仲劝诫景公说："您这样做徒劳无益，只不过是在自欺欺人罢了。上天如果已经决定要降下灾祸，就绝对不会因为您的祈祷而随意改变。天上出现扫把星，就意味着除旧布新，将世上的肮脏邪恶都清扫干净。如果您道德高尚，无愧于天，何必多此一举？如果您本身的道德行为就不干净，即使您再祈祷又有什么作

晏平仲画像

用呢？您如果能够像开明之君周文王那样修养德行，那么连周围的邻国都会来俯首称臣，哪用得着担心彗星的出现？如果像亡国之君夏桀、商纣那样邪恶妄为，那么本国的百姓也会四散逃亡，祝史就是再怎么祈祷也无济于事。"晏子借着这次的彗星事件，给国君好好地上了一次思想政治课，达到了规劝国君施行仁政的目的，真可谓是一个智者。

> 晏子，名婴，字仲，谥平，习惯上多称平仲，夷维（今山东省高密市）人，春秋时期著名政治家、思想家、外交家，齐国上大夫，历任齐灵公、庄公、景公三朝，辅政长达50余年。以有政治远见、外交才能和作风朴素闻名诸侯。晏婴聪颖机智，能言善辩。内辅国政，屡谏齐王；对外出使不受辱，既富有灵活性，又坚持原则性。

## 五、客星

中国古代占星家用星象占卜吉凶，这本是很荒唐的事情。但正是这种星占上的需要，使得中国古代的某些人日复一日、年复一年地密切关注着天空中异常天象的出没，并且将发生异常天象的名称、现象、出现在天空中的位置、发生的具体日期和时刻都一丝不苟地记录下来。很多重要的天象记录，就这样得以在中国的史籍中保留了下来，成为现代天文学研究领域的宝贵资料。这些记录的连续性和准确性都是世界罕见的，为我们研究天象本身的各种问题及古代人们对它们的种种认识，提供了不可替代的第一手资料。其中，对"客星"的观测和记录尤为典型。

客星，是我国古人对那些在天空中突然出现，之后又慢慢消失的天体的统称。它们短暂地寄居在天空中常见的星辰之间，不久就离开，好似客人一般，因此得名。在我国古代，凡是那些突然出现的、行迹飘忽不定的星星，以及其他如极光等异常天象都可以被称为客星，但通常最主要的还是指新星、超新星及某些彗星。

新星和超新星，并非像它们的名字说的那样，是"新出现的星星"，它们不过是原来较暗的星在几天之内突然增亮了几万至几千万倍。这是恒星演化过程中的一种剧烈爆发过程，有的星爆发时抛出大量物质，抛射速度为每秒500~2 000千米，爆发过程结束后星体亮度逐渐变暗，又回到过去的暗星状态，这种星一般被称为新星。这种新星还可能再爆发，直至结束恒星的一生。而爆发特别剧烈的就是超新星。

在北宋仁宗至和元年五月己丑（1054年7月4日）的早上，大宋的子民们注意到一种令人惊奇的天象，一颗客星突然出现在天关星的附近。它极为明亮，即使在白昼中依然清晰可见，星光呈现出红白色，光芒四射。这位"客星"并不怎么"客气"，来到天关星附近之后，足足待了643天才消失。所有的人都感到十分惊奇。当时的宫廷天文学家杨惟德愉快地对宋仁宗说，这是一个吉祥的预兆。同时，他将此天象细致地记录下来——似乎，这不过是中国古代众多天文记录中的普通一条。据杨惟德千年之后的同行说，这次来的"客人"，是一个超新星。

超新星是典型的大质量的恒星在死亡前灾变性的爆发，是一种极为壮观的罕见天象。其爆发倾泻出的巨大能量比恒星一生正常辐射能量的总和还要高，亮度会在极短时间内骤然增亮100亿倍以上，光度比一般星系总的光度还要大许多，这是恒星世界已知的最激烈的爆发现象之一。爆发的结果，或是将恒星物质完全抛散，成为超新星遗迹；或是抛掉大部分质量，核心遗留下的物质坍缩成中子星或黑洞。

如果不是下面这一系列科学研究的发现，杨惟德的记录可能还要沉寂下去。1731年，英格兰维尔特郡老塞勒姆的外科医生、天文学爱好者约翰·贝维斯，用小型望远镜在天关星附近发现了一个奇怪的"椭圆形雾斑"；1758年，法国天文学家查尔斯·梅西耶在追踪观测一颗亮彗星时，也偶然地看到了它，接着将它作为自己的类彗星天体星表中第一个成员——M1；1848年，罗斯伯爵在比尔城堡通过大型望远镜观测到了这个天体的纤维状结构，发现它的外观就像一只螃蟹，将其命名为"蟹状星云"；1921年，美国科学家邓肯（J. Duncan）研究两组与此相关的相隔12年的照片，惊奇地发现蟹状星云竟然在不断地膨胀，速度高达1 100千米/秒！

于是人们开始产生疑问：蟹状星云究竟是如何起源的？具体又起源于什么时候呢？荷兰天文学家奥尔特（J.H.Oort）从星云的膨胀速度反向推理出，这些纤维状物质大约是900年前从一个密集点飞散出来的。之后又经过很多天文学家不断地推算、论证，最终得出结论：大名鼎鼎的蟹状星云起源的答案就在一千年前杨惟德的那个天文记录当中！如今夜空中美丽的大螃蟹，实际上就是至和元年那颗耀眼、吉祥的"天关客星"爆发后的遗迹！蟹状星云，成为第一个被确认与超新星爆发有关的天体。

蟹状星云

中国古代关于奇异天象的大量记录，与世界上其他国家相比都是最可靠、最完整的，从数据角度来说，可用率最高。古代天象记录为现代天文学研究服务，这可是当年占星家们绝对料想不到的事情。相信在将来科学进一步发展时，这些记录必将会显示出更高的价值。

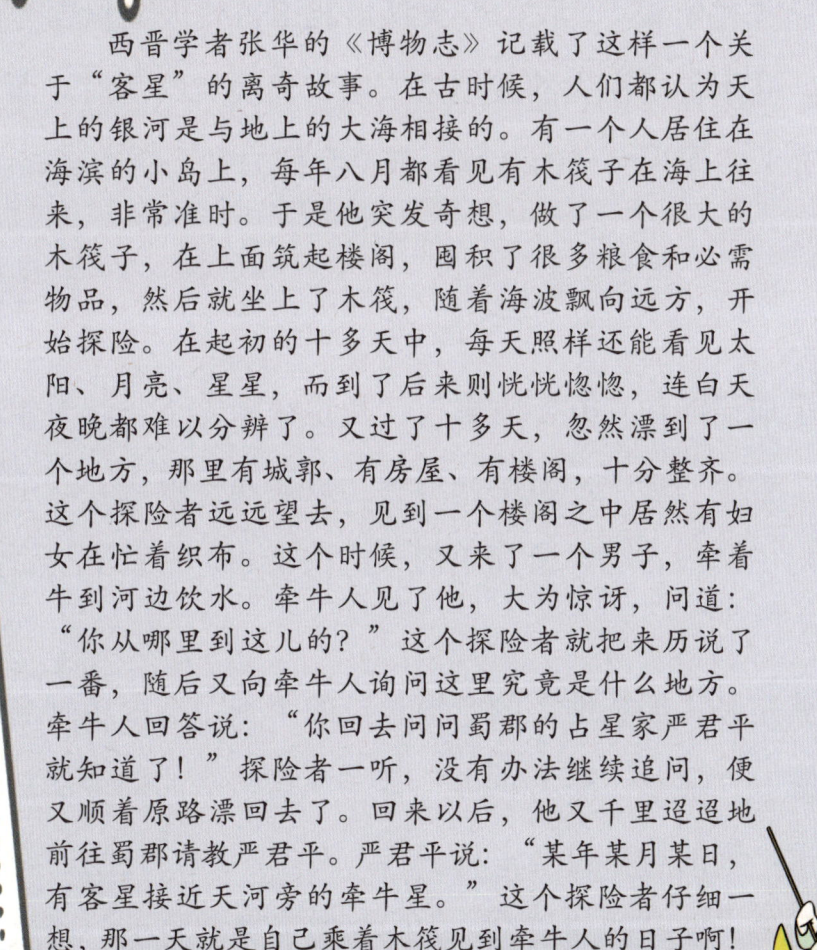

西晋学者张华的《博物志》记载了这样一个关于"客星"的离奇故事。在古时候，人们都认为天上的银河是与地上的大海相接的。有一个人居住在海滨的小岛上，每年八月都看见有木筏子在海上往来，非常准时。于是他突发奇想，做了一个很大的木筏子，在上面筑起楼阁，囤积了很多粮食和必需物品，然后就坐上了木筏，随着海波飘向远方，开始探险。在起初的十多天中，每天照样还能看见太阳、月亮、星星，而到了后来则恍恍惚惚，连白天夜晚都难以分辨了。又过了十多天，忽然漂到了一个地方，那里有城郭、有房屋、有楼阁，十分整齐。这个探险者远远望去，见到一个楼阁之中居然有妇女在忙着织布。这个时候，又来了一个男子，牵着牛到河边饮水。牵牛人见了他，大为惊讶，问道："你从哪里到这儿的？"这个探险者就把来历说了一番，随后又向牵牛人询问这里究竟是什么地方。牵牛人回答说："你回去问问蜀郡的占星家严君平就知道了！"探险者一听，没有办法继续追问，便又顺着原路漂回去了。回来以后，他又千里迢迢地前往蜀郡请教严君平。严君平说："某年某月某日，有客星接近天河旁的牵牛星。"这个探险者仔细一想，那一天就是自己乘着木筏见到牵牛人的日子啊！这才恍然大悟：当初自己已经漂流到了天河之上，看到了天河两岸的织女和牛郎。

第五章 异常天象

# 第六章 中国古代天文仪器

中国古代天文仪器精密实用，构造精巧，工艺精湛，曾长期领先于世界，一直是华夏儿女的骄傲。但正如我国著名天文学史专家席泽宗先生所说："我们今天谈论我国古代天文仪器方面的辉煌成就，并不是用祖先的成绩来安慰我们现实的落后，而是要把往昔的光荣，作为今日的激励，鼓舞我们去攀登新的高峰。"

## 一、表

有一个成语叫作"立竿见影"，是说在阳光下竖起竹竿，立刻就看到了竹竿的影子，常用来形容功效显现得很快。这个成语实际上是对中国最古老、最简单的天文仪器——表做了一个最精练的概述。

表，就是竖直插在地上的一根长长的竿子，有很多别名，如"竿""髀""碑""槷（niè）"等。从这些字的偏旁部首中我们可以猜出，表的材料也是多种多样，有木制的、竹制的、石制的及铜制的等。在晴朗的白昼，太阳光照射在表身上，必然会投射出一道表影，并且随着太阳在天空中位置的移动，表影的长短与方向也都在不断地变化。正是由于对这个特点的掌握，人们探索出了表的诸多方便、实用的功能，让这个堪称"简陋"的天文

仪器大放异彩。

　　最初，表常常被用来确定方向。或许你会疑惑：分辨方向不是很简单的吗？直接看太阳就好了，早上太阳升起的方向是东方，傍晚太阳落山的方向是西方。但事实却远没有那么简单，太阳并不是每天都从正东方升起、正西方落下，往往在不同的时节或偏南向、或偏北向一些。例如北纬40°的北京地区，在冬至那天，太阳从东偏南31°左右升起，西偏南31°左右落下，距离正东、正西有一段不短的距离呢！只有每年的春分和秋分左右，在那短短几天中，太阳才是真正的"东升西落"。通常情况下，古人是这样来借助表影确定方向的（如下图所示）：以表竖立的地方为圆心，以任意长度为半径画出一道圆，然后连接日出、日落时刻表影与圆周的交点，便得到了正东正西方向的那条直线。求出了东西方向，南北方向还用发愁吗？

　　不过，这样做也并不是十全十美的。因为，在日出和日落的时候，光线难免不够充足，表影看起来也很模糊，即使多次测量也难以改善很多。为此，元代天文学家郭守敬在定向时，采用了一种更为高明、更为巧妙的方法，他没有固执地守候日出与日落这两个特殊时刻，而是更加灵活，只要选择出上午某时刻

与下午某时刻两次长度相等的表影即可，然后再取这两条表影端点的连线，不仅同样能够获得确定的方向，而且测量误差也大大减小了。

表最重要的功能是测定节气。一年当中，太阳相对我们所在的位置、方向、距离都有所不同。夏天的正午，太阳的位置较高，影子较短；冬天的正午，太阳的位置较低，影子较长。日影最短的那天是夏至，日影最长的那天为冬至，日影两次达到最短（长）的时间间隔便是一年的长度。因此，人们很早就认识到，通过对表影长短、方向的观测，可以推定出不同的时节。为了使表影长度的测量更加精确，古人将一块有刻度的长条形平板紧紧接在表基，朝向北方水平放置，当阳光照射下来时便可以直接读出表影的长度。这条有刻度的平板，名字叫作"圭"，最初的含义为古代贵族行礼时所用的片状玉器，将圭与表二者结合起来的天文仪器，就称为"圭表"。

为了提高圭表的精度，古代的天文学家可是煞费苦心。表身的垂直、圭面的水平是首先需要保证的，所以早在汉代，人们就知道用悬物的绳子和水槽中的水面来校正竖直与水平两个方向。光线漫反射引起的表影端线模糊不清，常常会给测量造成不小的困难，为此北宋天文学家沈括专门设计了一个只在顶部留一条微小缝隙的密室——据说，现存北京古观象台的"晷影堂"就是照此思想修建的。最令人瞠目结舌的当属古代天文学家对表高和圭长的延伸。他们已经认识到，表影越长，所产生的测量误差就越

被"稀释"得微不足道。因此，周朝、汉朝时期只有一人高的"八尺之表"被一步步地拔高。到元代时，天文学家郭守敬已经设计制造出了表高 40 尺、圭长 128 尺的巨型圭表！但是，"没有最高，只有更高"，这项记录后来又被明代天文学家邢云路打破，他树立的木表竟然高达 60 尺！就是用

圭表

这架"超级天文仪器"，邢云路测定出一年为 365.242 91 日——这是当时世界上最精密的数据。

## 二、日晷与漏刻

紫禁城中规模最大、等级最高的太和殿，是古代皇帝登基和举行重大典礼的地方，俗称"金銮殿"。在殿门外左侧位置的高台上，安放着中国古代重要的天文仪器——日晷（guǐ）。在中国古代专制社会，天文历法相关领域的一切都被官方所垄断，因此将日晷置于宫殿之前，便有了宣示皇权的更深层含义。

"晷"字最初的意思是"太阳的

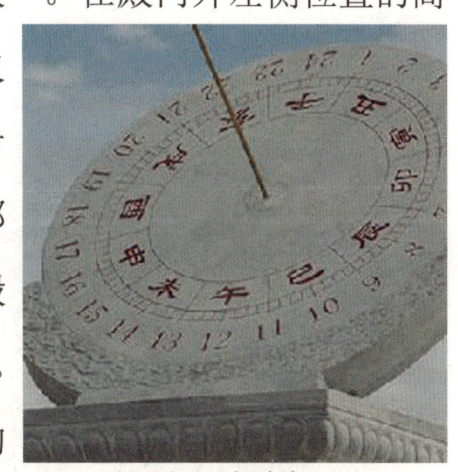

日晷上的刻度

影子"，直到明朝末年，"日晷"才作为一种天文仪器的名称流行于世。中国的日晷起源于表，其原理也与表相同，都是根据表影所在的方位来提示时间。只是与表相比，日晷表示的时间要更为准确、方便一些。它的结构并不复杂，只包括一根晷针和以晷针为圆心的圆形石质晷面两个部分。晷面类似于我们今日见到的"表盘"，上面标有时间刻度，而晷针产生的那条日影线则与今日的"表针"较为接近，日影线指示的刻度便是当时的具体时间。

在我国古代，水平放置的日晷并不多见。这是因为，太阳在天上"行走"的轨道和地平面存在着一个交角，在早晨和傍晚太阳接近地平线时，日影移动较快，角度偏大；而中午时，日影移动较慢，移动时角度偏小。这样一来，如果晷面水平放置，上面的刻度必然不能均匀等分，从使用角度看，既不方便，也不够准确。在通常情况下，晷面都是倾斜放置，至于倾斜的角度，则与当地的纬度直接相关。例如北京的纬度为40°左右，那么太和殿门前日晷的晷面与水平面的夹角就是它的余角50°。在日晷的正反两面都有刻度，春分以后日影出现在正面，秋分以后日影出现在反面。请看下面两幅图，你能判断出大致季节吗？

在没有日影出现的时候，如夜间及阴雨天，古人又靠什么仪器来知晓时间呢？漏刻。漏刻是利用滴水多寡来计量时间的一种仪器，由漏和刻两个部分构成。漏，指的是漏壶；刻，指刻箭。将漏壶装上水，凿出一个小孔，水就会慢慢从壶的孔隙中流出；在壶中的水面上浮一根箭杆，杆上标好刻度，当水随着时间而流

先秦时期的漏刻主要用于军事目的，请看下面这个著名的历史故事。春秋末年，晋国与燕国从不同方向入侵齐国，齐军屡屡败绩，形势极为危急。这时，司马穰（ráng）苴（jū）临危受命，被提拔为将军，率兵抵御晋、燕两国大军。但是穰苴出身卑贱，难以服众，很多军官对他都有些轻视，尤其是齐国的宠臣、监军庄贾。穰苴在大军开拔之前同庄贾约定："明日正午在军营门口相会！"第二天，穰苴很早就赶到约定的地点等候，并在军门前同时设置了两个计时仪器，一个是日晷，另一个是漏刻。日影在旋转移动，漏壶中的水滴在不断滴下，正午时分已到，庄贾却迟迟没有到来。穰苴将日晷放倒，壶水放出，向军士们宣布庄贾迟到，反复申明纪律后，大军准备出征。将近傍晚的时候，庄贾才不急不慢地来到营中。穰苴不畏庄贾权势，果断命人将其斩首，三军士卒无不惊骇，再也无人敢怠慢军令。后来，司马穰苴带着这支部队，所向披靡，大破敌军而还。

第六章 中国古代天文仪器

出的时候，箭杆也跟着下沉，这时从壶口看箭杆上的刻度，可以读取当下的时间——这就是早期的单只泄水型漏壶，又叫"沉箭漏"。为了提高计时精度，之后人们又在沉箭漏的基础上进行了改良，在播水壶（又称供水壶或泄水壶）的下面又接入了一只受水壶，指示时刻的箭尺改放于其中，故受水壶又被称为"箭壶"。箭壶承接由播水壶流下的水，随着壶内水位的上升，悬浮的箭杆逐渐上浮，因此，这种改良后的计时仪器被称为"浮箭漏"。

古人在使用漏刻计时的时候，采用了"刻"这种计时单位，将一天一夜分为100刻，并仔细地分出白天和夜晚各自的刻数，称为"昼漏"和"夜漏"。这种划分以太阳的出没为标准，在不同的时节昼漏和夜漏的刻数也不相同。例如，冬至昼漏40刻，夜漏60刻；夏至时倒过来，昼漏60刻，夜漏40刻；春分与秋分昼夜平分，同为50刻。

漏刻纪时在中国古代延续了很长一段时间，但是这种"百刻制"与另外一种古代纪时制度"十二时辰制"格格不入，12个时辰除100刻，每个时辰大约相当于8.33刻，不能整除，换算起来十分不便。为了将二者结合起来，自西汉以后便有人试图废除百刻制，改用120刻制、96刻制、108刻制等，但由于人们固有的习惯难以改变，这些改革都没有维持很久，百刻制总的来说仍然是最通行的纪时制度。

使用漏刻计时也存在着一个难题，那就是漏壶漏水的速率不够均匀：壶中存水越多，水位越高，漏水的速率越快；存水越少，

水位越低，漏水的速率越慢。时间时而"流逝"得快，时而"流逝"得慢。为了解决这一问题，必须不断有人添水以保持壶中水位的基本稳定，我国古代有一类官职名叫"挈壶氏"或"率更令"，就是专门负责此项工作的。但是，如果要每隔一会儿就起来添水，实在是耗费人工，过于麻烦。怎么办呢？古人想出了一个绝妙的主意：用另外一把漏壶来补充水量，而且为了保证这把壶能够均匀补水，再接入第三把壶、第四把壶……这就出现了所谓的"多级漏壶"。这种方法，用上一级漏壶漏出的水来补充下一级漏壶的水位，使其保持基本恒定，补偿的壶越多，最下面一个漏壶漏水的速率就越均匀，计时的精确度越高。

铜壶滴漏

但是，在实际操作时，是不能做到无限制地增加补偿漏壶的数量的，要想进一步减小漏刻计时的误差，还得换一个角度再动动脑筋。在这一方面，宋代科学家燕肃取得了突破性的成就，他设计了一种有分水口的漏壶，受水壶的顶作莲花状，故名"莲花漏"。莲花漏只用两个壶，分别叫作上匮和下匮，下匮开有两孔，

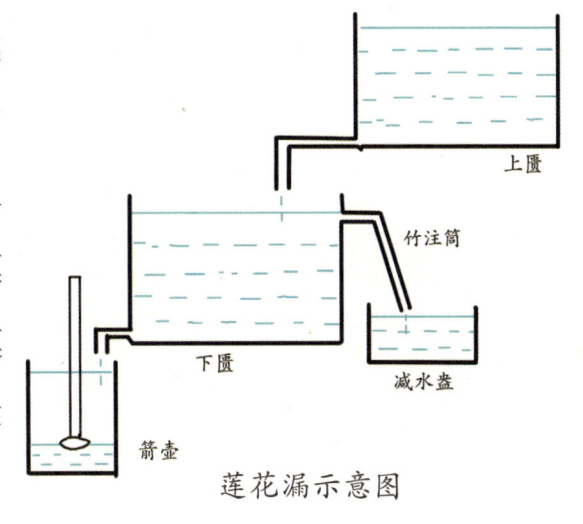

莲花漏示意图

一个在上，一个在下，下孔漏水入箭壶，以刻箭读数，而从上孔漏出的水经竹注筒进入减水盎。只要从上匮来的水略多于下匮漏入箭壶的水，下匮的水位就会不断升高，当高于上孔时，多余的水必然经此流出，使得下匮的水位永远稳定在上孔的高度，下匮漏水的速率也因此保持均匀。

宋代以后，人们将上面两种方法融合在一起，设计出了多级莲花漏，使其稳定性进一步提高。在北京故宫交泰殿里完整保存了一套乾隆九年（1744年）的铜壶滴漏，它就是采用这种原理制作的一个二级莲花漏。

在古代，漏刻似乎很能引发诗人的遐思，往往是一个不寐的夜晚，周遭一片寂静，独有那铜壶水滴下来的声音，更显寂静，与诗人心中或安谧恬适或忧愁烦闷的心情互相交织、感发。唐代诗人白居易在担任中书侍郎（又称"紫微郎"，指"紫微宫中的郎官"）时，有一次在宫殿中值夜班，为皇帝拟订诏书，伴着耳畔的滴漏声和面前的紫薇花，他写下了这样一首意境悠远的诗篇：

丝纶阁下文书静，

钟鼓楼中刻漏长。

独坐黄昏谁是伴，

紫薇花对紫微郎。

## 三、浑仪和浑象

浑仪是古代天文学家用来测定天体坐标和两天体间角距离的主要仪器，由于它的重要性，历代均有研制。浑仪的构造共包括三个基本部件。首先是窥管，通过这根中空的管子观测目标天体。其次是各种坐标系统，有用于读数的双重圆环（其中有代表平面的"地平圈"、经过天顶东西方向的"卯酉环"、经过天顶南北方向的"子午环"，还有"赤道环""白道环"及"黄道环"等。各个朝代制造的浑仪，大都依观测时的需要而有所增减），圆环两侧有两个支点，圆环就绕着两个支点转动；窥管夹在双重圆环的中间，可以自由移动，透过圆环与窥管的旋转，可以观测整个天空任何区域的天象，当窥管指向某待测天体时，它在各读数环中的位置就是该天体的坐标。最后是各种支撑结构和转动部件，保证仪器的稳固，并使窥管能自由旋转以指向天空的任何方位。

浑仪

据史书记载，汉武帝时期民间天文学家落下闳（hóng）曾经制作过一个浑仪，并与其同时的天文学家鲜于妄人将其用于测量天体、制作历法。这虽是史书中第一次关于浑仪的记载，但却并不意味着浑仪直到西汉时期才在中国历史的舞台上登场亮相。事实上，可能早在战国至秦朝的这一段时间内，浑仪就已经被天文学家们派上用场了。

我国古代浑仪从诞生到变成历史文物，经历了"简单—复杂—回归简约"的过程。落下闳制作的浑仪，在结构上可能相当原始，只有一个赤道环和一个夹着窥管的赤经双环而已。到了东汉时，大学者贾逵制造的浑仪上，就加装了黄道环用以测量太阳与月亮的运动，并发现了月亮的运动并不均匀——这是浑仪改进以后相当重要的发现，带动了历法的进步，也是后来发现太阳运动不均匀的基础。或许是贾逵的成功给古代的天文学家带来了一个不小的鼓励吧，此后他们制造的浑仪结构开始越来越偏向复杂。到唐代时，天文学家李淳风造了一具三层的浑仪，最里面的是一层"四游仪"；中间一层是"三辰仪"，有赤道环、黄道环和白道环，

落下闳（公元前156—前87），复姓落下，名闳，字长公，巴郡阆中（今四川阆中）人，西汉时期著名天文学家，《太初历》的主要创立者，曾制造观测星象的浑天仪，对中国古代天文学的发展影响很大。2004年9月16日，经国家天文学联合会小天体提名委员会批准，中国科学院国家天文台将落下闳发现的国际永久编号为16757的小行星命名为"落下闳星"，用以表彰他对天文学做出的杰出贡献。

可以转动；最外面一层是固定的"六合仪"，包括地平圈、子午环、外赤道环，三层环圈，层层相叠。虽然在天文测量和编制历法的工作中带来不少好处，但是也产生了一系列弊病，如安装和调整起来极为麻烦、环圈遮蔽视线使许多天空成为死区不能观测等，严重降低了浑仪的利用价值。宋代以后，人们意识到了这些问题，开始酝酿浑仪的重大改革。元朝天文学家、天文仪器制造领域的宗师巨匠郭守敬针对前代浑仪烦琐复杂的缺点，制造出了一个简单化的浑仪，名叫"简仪"。简仪不仅除去了浑仪环圈妨碍视线的缺失，使得除北极星附近以外的整个天空一览无遗，更提高了刻度划分的精密程度（最小的刻度单位是三十六分之一度），是中国天文仪器制造史上的一大飞跃，也是当时世界上的一项先进技术。

简仪

　　直到望远镜发明以后，浑仪观测天象的地位才逐渐被取代。在我国古代天文学历史上，浑仪始终是十分重要的仪器，曾经做出过巨大的贡献。时至今日，南京紫金山天文台和北京古观象台还保存有明制浑仪和清制浑仪，这些仪器结构合理，铸造精良，装饰华丽，已经成为我国古代科技文明的重要象征。

浑象是另一类古代天文仪器，具有观赏的性质，主要用于象征天球的运动，表演天象的变化，有时也称为浑天象。浑象的基本形状是一个大圆球，象征天球，上面布满日月星辰，画有南北极、黄赤道、二十八宿、银河等。由于大圆球的转动，自然也会带动星辰的旋转，那么，在地平面以上的部分就是可以见到的天象了。浑象究竟发明于什么年代，原始的浑象究竟是什么样子，这些问题至今仍然是一团谜。

浑象

耿寿昌，西汉天文学家、数学家，曾设计过浑象。汉宣帝时期任大司农中丞，在位时颇有政绩。宣帝元康年间，风调雨顺，粮食连年丰收，粮价因此大跌。耿寿昌认识到，朝廷可以设立"常平仓"，在此期间以相对较高的价格向农民收购粮食，存入仓中，不至"谷贱伤农"；在将来如果遇到饥馑的年岁，便可将仓中的粮食以更高的价格卖出，不仅使国家的收入大为增加，还可以使不少百姓免于饿死。

现今我们知道，古代浑象可以分成两大类。

第一类就像今天我们看到的天体仪，是个大型的圆球，上面刻着太阳、月亮、星星、赤道、黄道等，看浑象就像从天球外面看天球一样。东汉科学家张衡，就曾制作了一架这种类型的浑象，名叫"水运浑天仪",是我国历史上一件很著名的天文作品。将它安装在一间密室里,用流水的水力使它转动,然后让一个人专门在室内守候,高声向观象台上的观星者报告说浑天仪上某颗星星正在升起、某颗星星正处于天顶、某颗星星正在落下去,可以很准确地模仿天体运行的情况。这样一来,只要将张衡的水运浑象放在屋子中,就可以知晓外面的天象,甚至在大白天也能知道哪颗星星到了南中天。为此,曾有人称赞张衡说:"数术穷天地,制作侔(móu)造化,高才伟艺,与神合契。"

第二类属于一种假天仪。就像现代天文台或博物馆模拟太空的圆形房间一样,坐在里面,如同置身在太空中,抬头向上可以看到许多天体,十分逼真。这种浑象是一个中空球壳,直径超出人的身长,球面上以洞穿的小孔代表恒星,观看人就坐在其中的悬吊椅子上,随着球壳自左向右旋转,透过小孔的点点亮光,宛若夜间真实的星空,景象非常逼真。

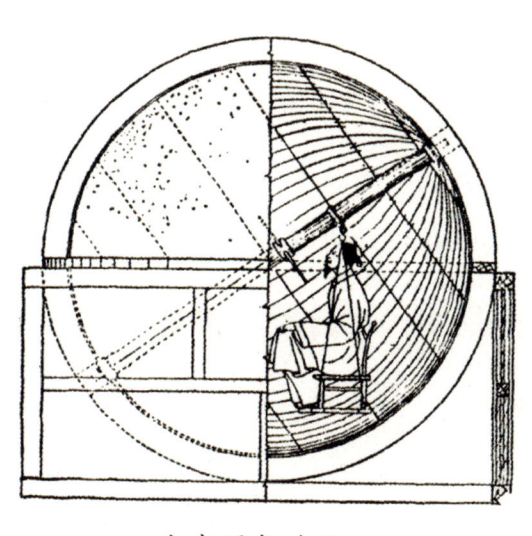

坐在浑象的里面

中国11世纪末天文仪器最高水平的代表——水运仪象台,堪称中国古代天文仪器中的"巨无霸",它集观测、演示与计时三种功能于一身。这架大型天文仪器,由北宋著名科学家苏颂及其同僚韩公廉于元祐年间(1086—1094年)设

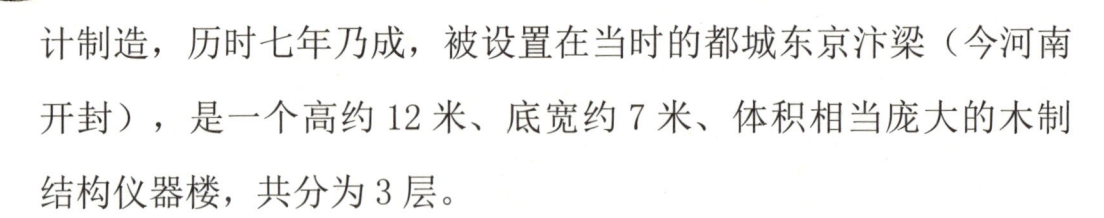

计制造，历时七年乃成，被设置在当时的都城东京汴梁（今河南开封），是一个高约 12 米、底宽约 7 米、体积相当庞大的木制结构仪器楼，共分为 3 层。

最上面的一层为浑仪板屋。水运仪象台最上层的板屋内放置着 1 台浑仪，屋的顶板可以自由开启，打开时可以用浑仪在此进行露天观测，而平时屋顶则关闭，以防雨淋——这可以说是现代天文台用于观测的活动圆顶的雏形。

中间的一层为浑象密室。这间密室中摆着一架浑象，其转动的速度与天球的实际转速一致，可演示不同时间星空的运动情况，相当精巧。

最有意思的当属第三层的计时装置了。它的结构比较复杂，共有五层木阁楼，是一套报告时间的机械装置。第一层木阁又名"正衙钟鼓楼"，负责全台的标准报时。木阁设有三个小门。到了每个时辰的开始时，就有一个穿红衣服的木人在左门里摇铃；到了每个时辰的正中，有一个穿紫色衣服的木人在右门里扣钟；每过一刻钟，一个穿绿衣的木人在中门击鼓。第二层木阁负责报告时初、时正。该层木阁正中有一个小门，每逢各个时辰的开始时，一个穿红衣的木人持时辰牌出现在小门前；每逢各个时辰的正中，一个穿紫衣的木人拿着时辰牌出现在小门前。此层共有红衣木人和紫衣木人各 12 个，时辰牌牌面上依次写着子初、子正、丑初、丑正等。第三层木阁负责报告刻数。该层木阁正中有一个小门，每到一刻，一个穿绿衣的木人持刻数牌出现在小门前。由于苏颂

在此采用了 96 刻制而不是百刻制，因此这层共有 96 个绿衣木人，刻数牌牌面上依次写着初刻、二刻、三刻、四刻等。第四层和第五层木阁的木人是个"打更的"，负责晚上的报时，逢日落、黄昏、各更、破晓、日出之时，第四层的木人敲击手中的钲，第五层穿红衣和绿衣的木人各自举出不同的时牌。这五层木阁包括 12 个紫衣小木人、23 个红衣小木人、126 个绿衣小木人、1 个击钲小木人，共计 162 个小木人。

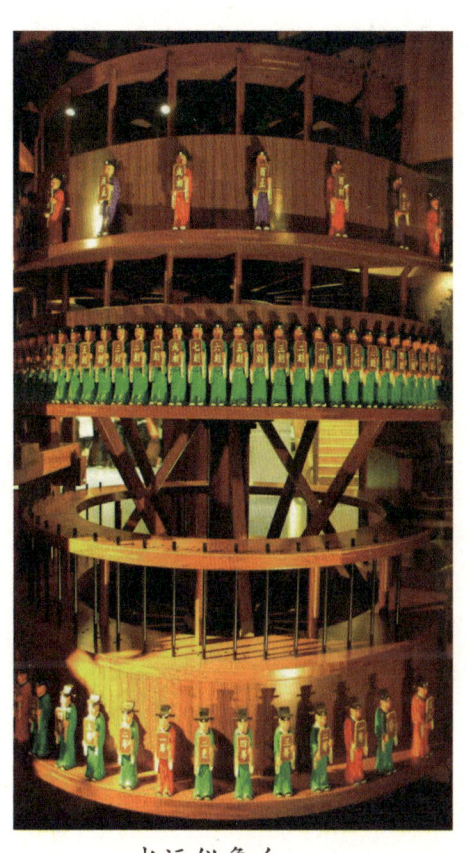

水运仪象台

那么，水运仪象台中浑象转动、木人报时的动力又来源于哪里呢？原来，在这台仪器的底层有一个精度很高的两级漏刻和一套机械传动装置，漏壶的水匀速地冲动机轮，驱动传动装置，浑象和报时装置便会随之稳定地运转起来。值得一提的是，在这套装置中，苏颂和韩公廉已经使用了后世钟表中的关键部件"擒纵器"来控制运转，为此，英国著名科技史专家李约瑟评价它"可能是欧洲中世纪天文钟的直接祖先"。

水运仪象台建成之后，苏颂写了一部仪器使用说明书——《新仪象法要》，详尽记述了各部件的形制、尺寸、材料及整体构联方式，特别是书中还附有大量的机械图。1958 年，王振铎先生据

此考证了水运仪象台的结构，成功复制了这台仪器的缩小模型，其后世界很多国家的科学家也曾做过类似的仿制工作。2011年，国内首台按1∶1比例仿制的苏颂水运仪象台在同安苏颂公园落成，这个水运仪象台不再是一个模型，而是真实的、可以运转的一座小型天文台，至此，千年前那台精妙绝伦的天文仪器又重现于世。

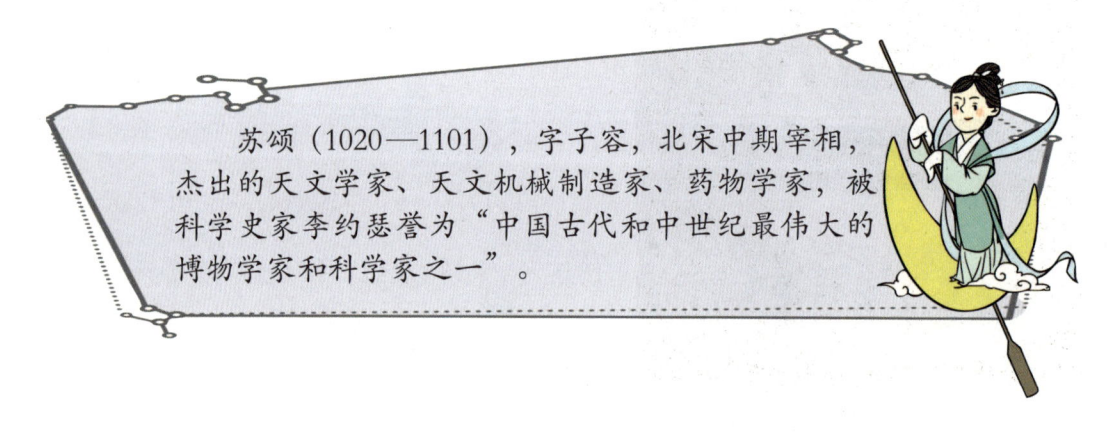

苏颂（1020—1101），字子容，北宋中期宰相，杰出的天文学家、天文机械制造家、药物学家，被科学史家李约瑟誉为"中国古代和中世纪最伟大的博物学家和科学家之一"。

# 第七章　中国古代天文机构

中国古代的天文机构，主要负责军国大事的星占和历法的编制，具有非常明显的官办性质，是中国历代王朝中最不可或缺的官方机构之一。当然，专门负责此项工作的天文学家，地位也相当特殊，在古代，他们被称为"畴（chóu）人"。

## 一、天文台

"经始灵台，经之营之。庶民攻之，不日成之。经始勿亟（jí），庶民子来。"这是《诗经·大雅·灵台》中的一段，讲述的是周文王在丰邑的西郊（今陕西省西安市西南）修建的高两丈、周长420步的一座天文台，名字叫"灵台"。古人云："灵者精也，神之精明曰灵""四方而高曰台"，也就是说，灵台是古人接通神明、探知天意的一种方形高台。灵台是周朝以后才得的名字，在这之前，夏朝的天文台称为"清台"，商朝的天文台称为"神台"，名字虽然不同，但意义大体一致。

周文王去世后，其子武王在牧野之役中一举灭掉大商，成为新的天下共主，曾经偏居西土的周人，在此时也开始寻找天下之中来作为新王朝的都城。周文王的四子、武王的同母弟周公旦多才多艺，对于天文历算也极为精通，他主导了这个工作，带领手

下的官员在各地开展天文大地测量。在使用圭表测量日影时，他发现在阳城（今属河南省登封市）这个地方夏至日的午时，八尺之表产生的日影仅有一尺五寸，而由于表与圭的边缘还存在着一尺五寸的距离，因此，此时石圭的周围完全看不到表的影子。无影，就说明这里是大地的中心。因此，周公便在离此地不远的位置营建了新的都城洛阳，周王朝终于像北极星一样开始"居中而治"，新的天文台——又被称为"无影台"也设置在了此处。至今，在河南省登封县告成镇，仍然有一座既不像房也不像塔的奇怪建筑，这就是当年周公测影时留下的遗迹。其后很多朝代的天文学家都曾在此进行过测量、观测，唐代天文学家一行和南宫说等人还曾在这里立起一块石表，上面所刻的"周公测景台"五个大字至今仍然历历可辨。这是中国现存最早的天文台，也是世界上最古老的天文台之一。

*周公测影台*

　　周朝之后的各个朝代，基本都沿袭旧制，在都城的附近修建天文台。东汉时，光武皇帝刘秀于建武中元元年（56年）在洛阳城平昌门附近建立了灵台。灵台东西两面都有墙垣，墙内中心筑有一座用于观测天象的方形高台，上面放置着浑天仪等天文仪器。高台四周共有五间建筑，西面建筑的墙壁涂以白粉，东面涂以青

粉，南面建筑涂以朱粉——这种依方位施粉的方法，与中国古代"东青龙、西白虎、南朱雀、北玄武"的天文文化直接相关。东汉灵台在三国、西晋时还在使用，直到北魏时才被废弃。

中国古代的帝王大多自诩"受命于天"，认为天象的变化与自己的统治地位息息相关。他们当然希望上天的"信息"只传递给自己，所以他们总是牢牢地掌握着天文观测机构。与此同时，为了避免受到天文官员的欺骗，他们还想尽办法进行提防。例如，北宋时，汴京设立了四个天文台，其中司天监的岳台和禁城内翰林天文院的候台是主要的观测台，两台仪器一模一样，每当有异常天象出现时，两台必须互相核对、同时上报，主要就是为了防止可能出现的作假情况。中国古代的天文机构时刻处于皇权的笼罩之下，天文台的命运自然也就和王朝的命运紧紧地联系在了一起。北宋末年，北方女真人率兵南下，攻破都城汴京，制造了中国历史上著名的"靖康之难"，不仅俘虏了徽、钦二帝及后宫妃嫔、公卿朝臣等三千余人，更在城中烧杀淫掠，对天文台大肆破坏，将各种精美珍贵的天文仪器如浑仪、水运仪象台等全部掳走，运至金国都城燕京。由于一路颠簸，不少仪器都有损坏，再加上汴京与燕京的地理纬度不同，金人文化落后，不懂得做出相应调整，这些天文仪器最终被废弃，甚至消亡。

乾隆御笔：观象授时

留存至今，保存最为完好、连续观测时间最长的中国古代天文台，当属北京古观象台。观象台在明朝时被称为"观星台"，建于明正统初年，台上陈设有简仪、浑仪和浑象等大型天文仪器，台下陈设有圭表和漏壶等。清代时，观星台改称"观象台"。清康熙年间，西洋传教士重铸了8架中西结合的新式铜仪放置在观象台上，这些仪器除造型、花饰、工艺等方面具有中国传统元素外，在刻度、游表、结构等方面，还反映了西欧文艺复兴以后大型天文仪器制作的进展和成就，可以说是中西文化交流的产物。古观象台的附属建筑也别具一格，包含一个很大的四合院和几个小院，与观象台同时修建，是地地道道的明代古建筑院落。院中古树参差，宁静悠远，颇有古韵。如今，这里已经成为北京市的一个著名旅游景点，无数的游人在这里流连，感受历史的沧桑，赞叹中国古代天文学的辉煌。

北京古观象台紫微殿

北京古观象台

## 二、畴人传

在我国古代有这样一群学者，他们上知天文，下晓地理，熟谙音律，深研数学，精通前代的历史，预卜未来的凶吉。他们常常被称作"畴人"，即各个朝代专门执掌天文历算的人，若以他们的官职来称呼，就是"太史"。

太史是一个古老的官职，早在上古时期就已设置，历朝历代其职能虽然略有差异，但大体上不外乎记录王侯言行、编修史书、制定历法、观测星象、占卜吉凶、祈祷诅咒等内容。中国古代的天文机构具有明显的皇权色彩，太史等天文官是朝廷中唯一有资格、有能力为皇帝解读"上天垂示的信息"的官员，与其他文武百官相比，地位更为特殊。这些"神职人员"通常由君主亲自任命，享有各种特权，例如清朝的法律就曾专门做出规定，钦天监的官员如果犯罪要从轻处理。这些"知晓天意"的人，几乎被视为是老天爷的传声筒，他们所说的每一句预言都具有很强的权威。因此，历代帝王为了防止他们将"天机"泄露给其他人，不得不时时刻刻地对他们严加防范，规定他们不得与其他"闲杂人等"交往，不得随意出入其他朝廷官员家中，更严禁私自将天文知识传授给他人。因此，在我国古代，太史的官职很多都属于父子相承。

西汉太史公司马迁大概是我国古代最为著名的一位天文官了。他出身于畴人世家，祖上从夏商时期便世世代代从事天文历法工作。司马迁早年刻苦学习，游历四方，不仅跟随父亲司马谈

中国天文浅话

系统学习掌握了天文历法等家学,还曾跟随当时的鸿儒孔安国、董仲舒等学习儒家经典,知识极为宏博。在青年时期,他成为汉武帝手下的一名仪仗侍卫官,多次随从汉武帝出巡。公元前110年,司马谈由于没能参与汉武帝的封禅大典而含恨去世,临终前嘱咐司马迁应当努力继承"典天官"的传统。

司马迁画像

不久之后,司马迁被任命为太史令,并于太初元年(公元前104年)联合太中大夫公孙卿、壶遂给汉武帝刘彻上书,发起盛大的改历活动。司马迁指出,西汉王朝一直沿用的秦代历法《颛顼历》由于年代过于久远,误差渐渐增大,常常出现历书内容与天象不符的情况。汉武帝对于他的意见十分重视,在征求了御史大夫倪宽和博士们的意见后,立即下诏命令司马迁等"议造汉历",并从全国征召多位官方和民间的天文学家参与其中,有侍郎尊大、典星射姓、治历邓平、长乐司马可、酒泉侯宜君、方士唐都、巴郡落下闳等二十余人。这群学者既分工协作,又发挥各人所学专长,共制定了十余部历法,经过严格地层层筛选,朝廷最终决定采用落下闳、邓平所制历法。在我国古代,王朝采用新历通常意味着承受上天新的使命,因此汉武帝在明堂举行了隆重的颁历典礼,并改年号为太初元年,称新历为《太初历》。《太初历》是我国古代第一部比较完整的历法,而此次司马迁首倡的"太初改历"活动也成为我国历法史上一次影响极为深远的重大历法改革。

司马迁倾大半生心血著成的煌煌巨著《史记》，为我国第一部正史，旨在"究天人之际，通古今之变，成一家之言"，著作中特意留下了《历书》《天官书》这两篇天文学专论，开创了中国正史系统记述天文学史料的优良传统，使我国成为天文学史料最为丰富的国家，留下了数千年极为宝贵的天文学观测记录并流传至今。仅此一端，司马迁就足以称得上中国天文学发展史上的一大功臣。

除此之外，司马迁根据前代的月食记录，发现了月食的周期性规律，首倡日食、月食的预报工作；还掌握了行星的逆行规律；并在恒星的观测和记录等许多方面做出了不朽贡献。

东汉时期的天文官张衡，字平子，为我国古代最伟大的科学家之一，少年时期曾在陕西一带游学，后来进入都城洛阳的太学，将多部儒家经典融会贯通。他曾经花费十年的工夫，创作了中国文学史上的不朽名篇《二京赋》，以此委婉地讽刺当时流行的奢靡之风。张衡曾担任河间地方官，在任上整饬法度，严厉惩办当地的豪强奸徒，大规模清理冤假错案，将当地治理得井然有序。他虽然才华横溢，却始终不曾傲慢待人，对于名利也不热心，常常是云淡风轻的样子。

张衡天资聪颖，博学多闻，对于天

张衡画像

文历算和星占等方面的知识尤为用心。他的才能很快为当时的君主汉安帝得知，特地派人请他担任太史令。就是在这个时期，作为浑天说代表人物的张衡制作了浑天仪，并完成这一理论的代表著作《灵宪》。他利用浑天理论第一次成功地解释了月食发生的科学道理，破除了人们对于这种天文现象的迷信心理，同时也为后世更完备的月食成因理论奠定了基础。张衡勤于观测，几乎发现了所有肉眼所能观测到的恒星，这项成就是令人惊叹的。

如今人们熟知的"候风地动仪"是张衡的另外一项杰出发明，为人类历史上第一架验震器，能够准确地测验出地震所发生的方位，极为精巧、灵敏，被认为是中国古代科技文明的重要象征之一。这台仪器由精铜铸成，形似酒樽，上面雕刻有各种鸟兽花纹，十分精美。仪器外部附着八个口衔铜球的龙首，其下正对着八只张口的蛤蟆，当某个方位发生地震时，其对应方向的那个龙首就会将铜球吐出，正好掉落在下面蛤蟆的口中。张衡在京师时，有一次龙首的机关开启，铜球掉落，但所有人却并未感觉出大地的震动，因此便开始怀疑地动仪的准确性。但仅过数日，便有快马来到，向皇帝报告陇西发生地震的消息。至此，人们终于心服口服，赞叹张衡竟能将仪器制作得如此精巧。

中国古代的天文学家几乎无一人不精通数学。这主要是因为，历法的编订、天体运动的推算、异常天象的预报等几乎所有的天文工作都必须以数学作为工具进行推算。以将圆周率精确到第七位有效数字而闻名于世的大科学家祖冲之，也是一位世代主管天

文历法的畴人子弟。他自少年时便将全部心思用于天文历算，曾认真研究古代典籍，花费很多时间用于对天象的实际观测。由于学术上的声望，他在20多岁便被推荐进入当时皇家科研机构华林学省从事天文学的研究工作。数年之后，年仅33岁的祖冲之制成了南北朝时期最为精密的历法——《大明历》。由于祖冲之数学功底扎实，《大明历》中的数据之精确远超前代历法，同时还有很多发明创造，如首次引入岁差、采用"391年144闰"的新闰法等，这些成就在当时的科技条件下是非常难能可贵的。

但是，祖冲之的《大明历》却遭到了朝廷显贵、刘宋孝武帝宠臣戴法兴的激烈反对，朝廷上的众人迫于显贵的势力也都随声附和，《大明历》的颁行因此受阻。直到祖冲之去世十年之后的梁朝，其子祖暅之五年之内三次上书朝廷，才终于获得皇帝的同意，于天监九年（510年）最终被颁布施行。

唐代的天文学家一行，俗名张遂，魏州昌乐（今河南省南乐县）人。张遂的曾祖为唐朝开国功臣张公谨，其父张擅早亡，自幼生活十分贫苦。艰难的环境更加磨砺了少年张遂的意志，他刻苦求学，无论是对经学历史还是天文历算，都曾深入地下过苦功。当时的都城长安有一位学识渊博的道士名叫尹崇，藏有很多典籍，经常无私地借给嗜书好学的张遂。有一次，张遂向他借阅西汉扬

僧一行画像

雄的哲学性著作《太玄》，没几天就归还了。尹崇感到十分不解，说道："这本书难度可是不小，我研究了好几年也没能明白。你应当认真阅读才对，怎能这么快就还回来呢？"张遂说："我已经弄懂了。"并拿出了自己撰写的阐释性著作。尹崇拿过来一看，大为惊讶，连连夸赞张遂悟性之高堪比"闻一知十"的孔门高徒颜回。

武则天称帝后，张遂的家族长期受到武氏政权的打压，处于对立状态。这时武则天的侄儿、权臣武三思久闻张遂的名声，意图与之结交来抬高自己的身价。张遂不愿合作，逃到了嵩山嵩阳寺出家为僧，法名一行。不久后又转到浙江天台寺游学，跟随名师深入地学习天文历算知识。

唐玄宗李隆基即位之后，旧有的历法预报日食多次失效，因此下诏命令僧一行主持编修新历。为此，一行专门命人铸造了更为精密的新天文仪器——黄道游仪和水运浑象，又派遣南宫说等人到全国十几个地点进行天文大地测量。就是这次测量，不仅用实测数据推翻了盖天说"日影千里差一寸"的说法，还得出了地球子午线一度之长为351里80步的结论，可谓前无古人。从开元十三年（725年）起，一行着手新历的制作，两年后草稿完成，命名为《大衍历》，随即不幸去世。这部历法编排结构严谨，条理分明，其精密性被广泛称赞，被誉为"唐历之冠"，不仅很快颁行全国，还东渡日本，行用将近百年。

唐朝高僧一行少年家贫，经常被一个老婆婆救济。后来，一行功成名就，老婆婆的儿子因杀人入狱，找上门来请求一行帮忙。这却为难一行了，老婆婆虽有恩于他，可自己也不能枉法啊，于是他说："您要多少钱我都能给您，可是这件事却不行。"老婆婆极为愤怒地离开了。一行很苦恼，便决定做法术来帮助老婆婆。他叫人在寺院空房里置放了一口大瓮，随后叫来两人，给了他们大布袋子，说道："某大街有一处废园，你们在中午时分潜伏其中，等到黄昏，一定会有东西进来。当捉到第七只时，就可以把袋子系上了。要是跑了一只，拿你们是问！"两个手下按照吩咐潜伏在园中，黄昏前果然有一群东西冲来，仔细一看，原来是七只猪啊！一行回来一看非常高兴，叫人把猪装进大瓮，又严严实实地盖上盖子。转天一早，唐玄宗紧急召见一行，问道："太史奏报，昨夜北斗星不见了，此为何兆？"一行故意说："北魏时火星于夜空中失其位，天下大乱；现在北斗星消失，这么严重的情况自古以来还没有过，可能要出乱子了！"唐玄宗赶紧问："有什么办法弥补呢？"一行回答说："唯有大赦天下，释放一切犯人。"玄宗皇帝果断答应了。当天晚上，北斗七星出现一颗，随后每天多一颗，七日后全部出现，恢复正常。

第七章　中国古代天文机构

中国天文浅话

王恂（xún）和郭守敬同为元代最著名的天文学家，这二人都出自畴人世家，早年又都曾跟随忽必烈的谋士刘秉忠在磁州紫金山学习，常常在一起切磋学问，因此交集颇多，建立起了深厚的友谊。刘秉忠对于天文、地理、律历、建筑及奇门遁甲无所不通，对于这两位贤徒更是悉心培养，倾囊相授。王恂和郭守敬这两位弟子对于天文历算的学习也极为用心，造诣日渐深厚。

郭守敬画像

1276年，忽必烈攻陷南宋都城临安，决定采纳刘秉忠生前的建议，着手改革历法，便专门设立了太史院来负责这项工作，命令王恂为太史令，总管诸项事务，郭守敬为同知太史院事，协助太史令进行管理。由于王恂对于历法推算极为精通，而郭守敬则对于仪器制造和天文观测尤其擅长，因此二人在编制新历的过程中密切配合，各自发挥所长。从1276年到1280年，经过整整四年的呕心沥血，新历法才最终完成。元朝皇帝龙颜大悦，取《书经》"敬授人时"之义，给这部历法赐名为《授时历》。《授时历》是中国古代历法的巅峰，其精度与西方公历《格里高利历》相当，但较之早了300余年。

# 结　　语

　　传说在上古时期，有一位名叫后羿的勇士，幸运地从西王母那里求到了一颗能够羽化登仙的灵药。然而后羿的妻子嫦娥却在他外出时，偷偷将灵药服下，随即轻飘飘地升到了空中成为清冷月宫中的仙子。这就是中国人世世代代口耳相传的美丽神话——嫦娥奔月。

　　这个故事，实际上反映出中国古人对于神秘宇宙的热切向往，以及对于天文学事业那一份自始至终的执着追求。中国是世界上天文学起步最早的国家之一，数千年中不知有多少天文学家苦心求索，毕生致力于此，攀越天文学上的重重险峰，取得无数令世人惊叹的成就。

　　岁星啊，它绕了一圈又一圈；北斗啊，它转了一轮又一轮，不知经历了多少甲子、几度春秋，时间已经到了21世纪。如今，科学技术日新月异，望远镜代替了窥管，原子钟取代了漏刻，甚至，曾经的神话也逐渐成为现实——中国的载人登月计划已经逐步实施，新时代的"嫦娥"即将登陆月球，月宫中的嫦娥想必可以不再孤独。我们有理由坚信，在这个崭新的时代，中国的天文学也必将焕发出无限活力，铸就新的辉煌。

# 参考文献

[1] 王玉民. 天上人间——中国星座的故事. 北京：群言出版社, 2004.

[2] 王玉民. 大众天文学史. 济南：山东科学技术出版社, 2015.

[3] 刘金沂, 赵澄秋. 中国古代天文学史略. 石家庄：河北科学技术出版社, 1990.

[4] 陈久金, 杨怡. 中国古代的天文与历法. 济南：山东教育出版社, 1991.

[5] 黄一农. 社会天文学十讲. 上海：复旦大学出版社, 2004.

[6] 郑伟, 陈小前, 杨希祥. 天文学基础. 北京：国防工业出版社, 2015.

[7] 张淑媛, 张淑新等. 天象. 北京：中国旅游出版社, 2015.

[8] 张闻玉. 古代天文历法讲座. 桂林：广西师范大学出版社, 2008.

[9] 刘操南. 古代天文历法释证. 杭州：浙江大学出版社, 2009.

[10] 郑慧生. 认星识历. 郑州：河南大学出版社, 2006.

[11] 陈久金．中国古代天文学家．北京：中国科学技术出版社，2007.

[12] 乙力．中国古代神话故事．兰州：兰州大学出版社，2004.

[13] [法]C.弗拉马利翁．大众天文学．北京：科学出版社，1965.

[14] 郑文光．中国天文学源流．北京：科学出版社，1979.

[15] 丁緜孙．中国古代天文历法基础知识．天津：天津古籍出版社，1989.

[16] 陈美东．中国古代天文学思想．北京：中国科学技术出版社，2007.

图书在版编目（CIP）数据

中国天文浅话 / 北京尚达德国际文化发展中心组编. — 北京：中国人民大学出版社，2016.10
（中华传统文化普及丛书）
ISBN 978-7-300-23497-7

Ⅰ.①中… Ⅱ.①北… Ⅲ.①天文学史 – 中国 – 普及读物 Ⅳ.①P1-092
中国版本图书馆CIP数据核字(2016)第238602号

中华传统文化普及丛书
**中国天文浅话**
北京尚达德国际文化发展中心 组编
Zhongguo Tianwen Qianhua

| | | | | |
|---|---|---|---|---|
| 出版发行 | 中国人民大学出版社 | | | |
| 社　　址 | 北京中关村大街31号 | 邮政编码 | 100080 | |
| 电　　话 | 010-62511242（总编室） | 010-62511770（质管部） | | |
| | 010-82501766（邮购部） | 010-62514148（门市部） | | |
| | 010-62515195（发行公司） | 010-62515275（盗版举报） | | |
| 网　　址 | http://www.crup.com.cn | | | |
| | http://www.ttrnet.com（人大教研网） | | | |
| 经　　销 | 新华书店 | | | |
| 印　　刷 | 北京瑞禾彩色印刷有限公司 | | | |
| 规　　格 | 185mm×260mm 16开本 | 版　次 | 2016年10月第1版 | |
| 印　　张 | 8 | 印　次 | 2018年 4月第2次印刷 | |
| 字　　数 | 77 000 | 定　价 | 34.00元 | |

**版权所有　侵权必究　印装差错　负责调换**

本书个别图片来自网络，无法联系作者，敬请作者见到本书后，及时与我们联系，以便编著方按国家有关规定支付稿酬并赠送样书。